dtv

dtv
___
portrait

Herausgegeben von Martin Sulzer-Reichel

Dr. Thomas Bührke, Diplomphysiker, arbeitet als freier
Wissenschaftsjournalist in den Bereichen Physik und
Astronomie. Bei dtv sind von ihm erschienen: ›E=mc^2‹
(dtv 33041) und ›Das verschwundene Genie‹ (zus. mit
Andreas Loos, dtv 33072)

Albert Einstein

von Thomas Bührke

Deutscher Taschenbuch Verlag

1 Albert Einstein auf dem Zenit seines Ruhms im Jahr 1921

Misstrauen gegen jede Art von Autorität

Am 18. April 1955 starb mit Albert Einstein der berühmteste Naturwissenschaftler des 20. Jahrhunderts und einer der bedeutendsten Physiker aller Zeiten. Innerhalb weniger Monate des Jahres 1905 schuf er die Spezielle Relativitätstheorie, legte den Grundstein für die Quantentheorie und lieferte eine theoretische Erklärung für die Brownsche Bewegung. Zehn Jahre später vollendete er die Allgemeine Relativitätstheorie. »Jede dieser Neuerungen leitete eine neue Ära in der Physik ein und hätte ihm, auch allein genommen, einen unsterblichen Platz in der Geschichte der Wissenschaft gesichert. Wir verdanken Einstein aber alle drei«, sagte später Paul Dirac, einer der Wegbereiter der Quantenmechanik. Ohne Beispiel war auch Einsteins Arbeitsstil. Nahezu im Alleingang und oft gegen den Trend der aktuellen Physik entwickelte er seine Theorien.

Die Welt feierte Einstein als neuen Newton, aber in Deutschland sah er sich bald nationalsozialistischen Anfeindungen ausgesetzt, die ihn schließlich in die Emigration trieben. Wie kein anderer Wissenschaftler zuvor – und auch selten danach – meldete sich Einstein zu politischen Entwicklungen zu Wort, setzte sich für Humanität und Pazifismus ein und engagierte sich gegen Rassismus. Damit avancierte er zum Archetypus des Naturwissenschaftlers mit moralischer Verantwortung. Nicht zuletzt wurde der alte Mann mit den wirren, grauen Haaren und dem verträumten Blick zum Symbol

> Es ist das Suchen nach einem Fundament der Physik. Das Vertrauen in die Unerreichbarkeit dieses höchsten Zieles ist eine Hauptquelle der leidenschaftlichen Hingabe, welche die Forscher von jeher beseelt hat.
> *Einstein in ›Das Fundament der Physik‹, 1940*

2 Der Vater: Hermann Einstein (1847–1902)

des genialen Wissenschaftlers schlechthin.

Einstein hatte aber auch seine schwachen Seiten, insbesondere im Privaten. Zur Ehe war er nicht geschaffen, er hatte mehrere Affären, das erste Kind gab er wahrscheinlich zur Adoption frei. Generell fiel es ihm schwer, dauerhafte und tief gehende menschliche Bindungen zu schaffen. Mit bedingungsloser Hingabe konnte sich Einstein nur einem Ziel widmen: der Wissenschaft.

Seit 1987 erscheinen bei Princeton University Press Einsteins gesammelte Werke. Eine Reihe handschriftlicher Notizen und bis dahin unbekannter Briefe haben das Bild des genialen Physikers in jüngerer Vergangenheit verfeinert und so manche neue Facette hinzugefügt. Dies betrifft insbesondere seine Jugend. Diese Dokumente wurden, so weit verfügbar, in dieser Biografie verwandt.

Sein Leben begann am Freitag, dem 14. März 1879 um halb zwölf Uhr mittags in der Bahnhofstraße B 135 in Ulm. Das dreistöckige Haus hatte wenig Charme, bot aber der erst kurz vor der Geburt dort eingezogenen Familie Einstein eine geräumige Wohnung. Das Geburtshaus in Ulm sollte ohnehin nur der Beginn einer langen Reihe von Wohnsitzen in

---

Über das Haus **Bahnhofstraße B 135** (1880 umnummeriert in 20) schrieb Einstein 1929 in einem Brief an Carlos Erlanger, den Sohn des damaligen Hausbesitzers: »Zum Geborenwerden ist das Haus recht hübsch; denn bei dieser Gelegenheit hat man noch keine so großen ästhetischen Bedürfnisse, sondern man brüllt seine Lieben zunächst einmal an, ohne sich viel um Gründe und Umstände zu kümmern.« Das Geburtshaus wurde 1944 bei schweren Bombenangriffen zerstört. Heute erinnern ein Denkmal und eine Gedenktafel an das Gebäude.

seinem zeitweilig sehr umtriebigen Leben sein. Einstein führte bis zu seiner Emigration in die USA ein sehr unstetes Leben. Bis 1933 wechselte er über zwanzig Mal sein Domizil, zahlreiche Aufenthalte bei Freunden und während Forschungsreisen nicht mitgezählt.

Einsteins Vorfahren waren jüdischer Herkunft und bereits seit Generationen im Schwäbischen ansässig. Vater Hermann war 1847 in Buchau am Federsee geboren. Er absolvierte die Schule mit der mittleren Reife und schloss daran eine kaufmännische Lehre an. Zu Beginn der 1870er Jahre stieg er als Teilhaber in der Ulmer Bettfedernhandlung seiner Vettern ein. 1876 heiratete er die 18-jährige Pauline Koch, die Tochter eines vermögenden Getreidehändlers in Cannstadt. Pauline galt als gebildet, fürsorglich und musikalisch. Sie spielte ausgezeichnet Klavier. So weit bekannt, führten die Eltern eine harmonische Ehe. Zwar bekannten sie sich zum Judentum, lebten aber nicht nach dessen Gebräuchen. Man ging nicht in die Synagoge, betete nicht und las auch nicht im Talmud. Selbst die Vorschriften des koscheren Essens missachteten sie.

Albert war das erste Kind von Hermann und Pauline Einstein. Es folgte 1881 Maria, stets nur Maya oder Maja ge-

3 Die Mutter: Pauline Einstein, geb. Koch (1858–1920)

Die Einsteinstraße in Ulm.
Als Einstein 1921 den Nobelpreis erhielt, beschloss der Gemeinderat seiner Geburtstadt, eine neue Straße nach ihm zu benennen. Als Einstein 1933 aus Deutschland emigrierte, reagierten die Ulmer Nationalsozialisten umgehend und benannten »seine« Straße in Fichtestraße um. Nach dem Ende des Krieges, im Juli 1945, erhielt die Einsteinstraße ihren ursprünglichen Namen wieder.

nannt. Unter allen Frauen, die in Einsteins Leben eine Rolle gespielt haben, stand sie ihm zeitlebens am nächsten, urteilt Einsteins Biograf Abraham Pais.

Bereits ein Jahr nach Alberts Geburt zog die Familie Einstein im Sommer 1880 nach München. Dort hatte Hermanns Bruder, Jakob, ein Unternehmen für Wasser- und Gasinstallationen sowie Elektrizitätsanlagen gegründet. Hermann Einstein stieg in das gut gehende Geschäft als Teilhaber ein und wurde kaufmännischer Leiter. Sein Bruder war als Ingenieur für die technischen Angelegenheiten zuständig.

4   Der vierjährige Albert

Die Familie zog zunächst in eine Wohnung in der Müllerstraße 3, wenig später richtete sie sich in dem Vorort Sendling ein, wo die neu gegründete »Electrotechnische Fabrik J. Einstein & Cie« errichtet wurde. Das Unternehmen entwickelte sich anfangs sehr viel versprechend. Bereits ein Jahr nach der Gründung bekam es den Auftrag, das Münchener Oktoberfest mit elektrischem Licht zu erhellen, und es baute die elektrische Straßenbeleuchtung von Schwabing auf.

Das »Albertle« zeigte in dieser Zeit in seiner Entwicklung einige Anlaufschwierigkeiten. Mit zweieinhalb Jahren sprach

---

Maria Winteler-Einstein (18.11.1881–25.6.1951), Einsteins Schwester, stets nur Maja oder Maya genannt, kam in München zur Welt. Von 1899 bis 1902 studierte sie am Lehrerinnenseminar in Aarau. 1910 heiratete sie den Maler Paul Winteler. 1938 emigrierte sie ohne ihren Mann in die USA und lebte bis zu ihrem Tod bei ihrem Bruder in Princeton.

der Bub immer noch kein Wort. Dann aber bildete er plötzlich ganze Sätze, die er doppelt vorbrachte. Offenbar formte er die Sätze zunächst sorgsam im Kopf und sprach sie dann ein erstes Mal zur Probe leise vor sich hin, bevor er sie normal vortrug. Diese Angewohnheit legte er erst im Schulalter ab. Wie seine Schwester Maya später schrieb, konnte sich der kleine Albert ausdauernd allein beschäftigen. Mit viel Geduld setzte er Puzzles zusammen, fertigte schwierige Laubsägearbeiten oder errichtete 14-stöckige Kartenhäuser. Allein der Sport und das Toben waren seine Sache nicht, weswegen ihm die Kameraden manchmal »Bruder Langweil« hinterher riefen.

In die Vorschulzeit fällt auch eine Anekdote, die Einstein später einmal erzählt hat. Im Alter von vier oder fünf Jahren brachte ihm der Vater einen Kompass mit. Dass diese Nadel ohne Berührung »in so bestimmter Weise sich benahm, passte so gar nicht in die Art des Geschehens hinein, die in der unbewussten Begriffswelt Platz finden konnte. ... Da musste etwas hinter den Dingen sein, das tief verborgen war.« Das Sich-Wundern war für ihn einer der Antriebe für die geistige Entwicklung eines Menschen.

Im Oktober 1885 wurde der sechs Jahre alte Albert in der katholischen Volksschule Sankt Peter nahe dem Sendlinger Tor eingeschult. Eine israelitische Schule gab es schon seit 1872 nicht mehr. Da er schon ein Jahr lang Privatunterricht erhalten hatte, kam er gleich in die zweite Klasse. Seine Leistungen waren hervorragend, die Hausaufgaben erledigte er stets pflichtbewusst, bevor er spielen durfte: »Gestern bekam Albert seine Noten, er wurde wieder der Erste«, schrieb die Mutter im August 1886 stolz ihrer Schwester. Allerdings ka-

---

Im Oktober 1886 entdeckte **Heinrich Hertz** an der TH Karlsruhe elektromagnetische Wellen. Mit einem Funkeninduktor erzeugte er die Wellen und ließ sie an einem Zinkblech reflektieren, so dass stehende Wellen entstanden. Mit einer Dipolantenne gelang es ihm, die Schwingungsbäuche und -knoten nachzuweisen. So bewies er, dass elektromagnetische Wellen im Dezimeterbereich, später als Radiowellen genutzt, prinzipiell die gleichen Eigenschaften haben wie Licht. Einstein setzte sich später mit Hertz' Arbeiten intensiv auseinander.

men ihm die Lehrer in der Elementarschule »wie Feldwebel vor und die Lehrer am Gymnasium wie Leutnants«, erinnerte er sich im Alter. Zudem wurde er schon in diesen jungen Jahren mit dem Antisemitismus konfrontiert. So manches Mal beschimpften ihn die Kameraden oder traktierten ihn gar mit Fausthieben.

Im Oktober 1888 wechselte Albert aufgrund seiner glänzenden schulischen Leistungen an das Luitpold-Gymnasium. Wie schon zuvor in der Volksschule, blieb er auch hier ein Außenseiter und »Biedermeier«. Seine Noten rangierten auf einer Skala von eins bis vier überwiegend zwischen eins und zwei. »In der Mathematik schwankten in den unteren Klassen die Noten zwischen 1 und 2, von der fünften Klasse an aber hatte er durchweg 1«, berichtete der spätere Schulleiter anlässlich von Einsteins 50. Geburtstag. Auch in den alten Sprachen Latein und Griechisch, die den Lehrplan dominierten, hatte er – im Gegensatz zu späteren Gerüchten – gute Noten. Und das, obwohl Einstein von sich behauptete: »Meine Hauptschwäche war ein schlechtes Gedächtnis, besonders ein schlechtes Gedächtnis für Worte und Texte.«

Allein der Mathematikunterricht konnte ihn nicht befriedigen. Hier war er auf ein eifriges Selbststudium angewiesen. Behilflich waren ihm sein Onkel Jakob und ein gewisser Max Talmud, der sich nach seiner Emigration in die USA in Talmey umbenannte. Dieser junge Mann studierte in München

Medizin und war einmal pro Woche bei den Einsteins zum Mittagessen zu Gast. Talmud brachte eine Vielzahl von Büchern mit, die der 12-jährige Albert mit wachsender Begeisterung verschlang. Alexander von Humboldts ›Kosmos‹ oder Aaron Bernsteins ›Naturwissenschaftliche Volksbücher‹ lösten bei dem Jungen eine geradezu »fanatische Freigeisterei« aus und führten ihn zu der Überzeugung, dass »vieles in den Erzählungen der Bibel nicht wahr sein konnte. Das Misstrauen gegen jede Art von Autorität erwuchs aus diesem Erlebnis.«

Eines dieser Werke war ein Lehrbuch der ebenen Geometrie, das ihn über alle Maßen beeindruckte: »Diese Klarheit und Sicherheit machte einen unbeschreiblichen Eindruck auf mich«, erinnerte sich Einstein später. »Bald war der Flug seines mathematischen Genies so hoch, daß ich ihm nicht länger folgen konnte«, meinte Talmud.

Im Alter zwischen sechs und vierzehn Jahren erhielt der Junge auch Privatunterricht im Violinespielen. Wie schon in der Schule, mochte sich Albert auch hier nicht dem monotonen Lernen und Üben unterwerfen. »Ich lernte erst etwas von 13 an, nachdem ich mich hauptsächlich in die Mozartsonaten verliebt hatte. ... Ich glaube überhaupt, daß Liebe eine bessere Lehrmeisterin ist als Pflichtbewußtsein, bei mir wenigstens sicher.«

Diese frühen Erlebnisse lassen bereits Einsteins dominierende Charaktereigenschaften erkennen. Stures Auswendiglernen und Drill waren ihm verhasst. Wenn ihn aber etwas faszinierte und im tiefsten Innern erregte, konnte er sich dafür begeistern und mit ganzer Energie daran arbeiten. Ratschläge von anderen oder der gerade vorherrschende »Trend« ließen ihn völlig kalt. Diese Mentalität war später geradezu

5 Einsteins Schulklasse im Luitpold-Gymnasium im Jahr 1889

Voraussetzung dafür, dass er gänzlich im Alleingang das wunderbare Gebäude der Relativitätstheorie errichten konnte.

Obwohl Albert in der Schule gute Leistungen zeigte, fühlte er sich dort nicht wohl. »Besonders unangenehm war dem Jungen auch der militärische Ton in der Schule, die systematische Erziehung zur Verehrung der Autoritäten«, meinte seine Schwester Maya. »Ich ließ also lieber jede Sorte von Bestrafung über mich ergehen, als dass ich etwas auswendig herplappern lernte«, erinnerte Einstein sich später. Kein Wunder, dass die Lehrer nicht immer ihre reine Freude an ihrem Schüler hatten. Der Klassenlehrer prophezeite ihm sogar, dass aus ihm nie etwas werden würde und legte ihm Ende des Jahres 1894 – Albert war in der 7. Klasse – sogar eines Tages nahe, die Schule zu verlassen. Albert, sich keiner Schuld bewusst, fragte nach dem Grund und bekam nur zur Antwort: »Ihre bloße Anwesenheit verdirbt mir den Respekt in der Klasse.« Kurz entschlossen ließ sich der 15-jährige Junge vom Hausarzt ein Zeugnis geben und reiste zu seinen Eltern nach Mailand. Das war am 29. Dezember 1894.

Nach Mailand deswegen, weil die Firma des Vaters und des Onkels nicht mehr gut gelaufen war. Sie mussten das Unternehmen im Juli 1894 liquidieren und eröffneten mit ihrem italienischen Vertreter als Geschäftspartner in Pavia die »Einstein, Garrone e. C.«. Die Familie Einstein war zunächst nach Mailand gezogen und übersiedelte 1895 nach Pavia. Während Maya ihre Eltern begleitet hatte, war Albert bei Verwandten geblieben.

Seine Eltern waren natürlich entsetzt, als ihr Sohn plötzlich vor der Tür stand. Doch Albert machte ihnen klar, dass er auf keinen Fall nach München zurückgehen würde. Sein Plan

---

Am 8. November 1895 entdeckte **Conrad Röntgen** in Würzburg die später nach ihm benannten durchdringenden Strahlen. Er selbst sprach von »X-Strahlen«, wie sie im Englischen immer noch heißen. Röntgen erhielt für diese bahnbrechende Entdeckung 1901 als Erster den Physik-Nobelpreis. Röntgenstrahlen sind energiereiche elektromagnetische Wellen.

war es, sich bis zum Herbst 1895 autodidaktisch auf die Aufnahmeprüfung des Polytechnikums Zürich vorzubereiten. Das Abitur war hierfür nicht unbedingt Voraussetzung. Allerdings musste der Junge bis zum vollendeten 16. Lebensjahr die deutsche Staatsbürgerschaft aufgeben, weil er sonst als fahnenflüchtig gegolten hätte. Er stellte deshalb rasch einen Antrag, und im Januar 1896 entließ ihn die Kreisregierung Ulm »aus der württembergischen Staatsangehörigkeit«. Dieser Schritt sollte später bei seiner Berufung nach Berlin und noch einmal bei der Vergabe des Nobelpreises eine pikante Rolle spielen. Da Albert aber nicht sofort Schweizer Staatsbürger werden durfte, war er fünf Jahre lang staatenlos. Ein Status, der ihm nie etwas ausgemacht hat.

Albert lernte also fleißig zu Hause und »selbst in größerer Gesellschaft, wenn es ziemlich laut herging, konnte er sich auf das Sofa zurückziehen … und sich in ein Problem so sehr vertiefen, dass ihn das vielstimmige Gespräch eher anregte als störte«, berichtete Maya. Offenbar vertiefte er sich aber vornehmlich in Physikbücher, denn bei der Aufnahmeprüfung fiel er im Oktober 1895 in den sprachlich-historischen Fächern durch. Wegen dieser Mängel und seines geringen Alters riet man ihm, die letzte Klasse einer schweizerischen Mittelschule zu besuchen, stellte

6 Das Haus der Familie Winteler in Aarau

aber die sichere Aufnahme für das folgende Jahr in Aussicht, obwohl auch dann noch sechs Monate an dem vorgeschriebenen Mindestalter von 18 Jahren fehlen würden.

Die Eltern schickten ihren Sohn an die Kantonsschule des unweit von Zürich gelegenen Städtchens Aarau. Diese hatte einen guten Ruf, galt als liberal und wurde von zahlreichen Schülern aus Europa und Übersee zur Vorbereitung auf ein Studium besucht. Hier sollte der junge Freigeist eine schöne Zeit verbringen, denn in der Kantonsschule »war weder von einem Befehlston noch von der Züchtung der Autoritätsanbetung irgend etwas zu bemerken«.

Dass sich der jugendliche Einstein in Aarau so wohl fühlte, lag auch an der herzlichen Aufnahme durch die Familie Winteler, in deren Haus er als Pensionsgast wohnte. Jost Winteler lehrte an der Kantonsschule Griechisch und Geschichte. Mit seiner Frau Pauline, stets nur Rosa genannt, hatte er vier Söhne und drei Töchter. Eine von ihnen, die 18-jährige Marie, wurde Einsteins erste große Liebe. Sie hatte gerade ihre Ausbildung als Lehrerin beendet und lebte nun die kurze Zeit bis zu ihrer ersten Stellung im elterlichen Haus. Marie spielte Klavier, so dass sie gemeinsam mit Albert musizieren konnte. Im April 1896 schrieb dieser seinem »geliebten Schätzchen« aus Pavia, wo er während der Ferien seine Eltern besuchte, einen ebenso liebevollen wie witzigen Brief. In ihm gesteht er ihr, wie »unentbehrlich meine liebe kleine Sonne meinem Glück geworden ist«.

Diese erste Romanze mit seinem »Engelchen« endete bereits ein Jahr später mit seiner Übersiedlung nach Zürich. Einstein blieb aber mit der Familie Winteler auf andere Weise verbunden. Seine Schwester Maya heiratete später Maries

Pauline Winteler (25. 8. 1845– 1. 11. 1906). Die Ehegattin des Gymnasiallehrers Jost Winteler in Aarau wurde für Einstein zu einer Art Ersatzmutter. Im November 1906 kam es zu einer Familientragödie: Ihr geistesgestörter Sohn Julius erschoss sie und seinen Schwager und beging anschließend Selbstmord.

Bruder Paul. Die beiden lernten sich kennen, als Maya von 1899 bis 1902 am Aarauer Lehrerinnenseminar studierte. Überdies heiratete einer seiner besten Freunde, Michele Besso, Marie Wintelers Schwester Anna.

Am 7. September 1896 meldete sich der Schüler Einstein zur Maturitätsprüfung. Sie bestand aus sieben schriftlichen Prüfungen, denen sich jeweils eine mindestens zehn Minuten dauernde mündliche Prüfung anschloss. Einstein schloss unter den neun Kandidaten als Bester ab. In Algebra und Geometrie erzielte er jeweils die Bestnote 6, in Physik eine 5–6. Lediglich in Französisch, wo man ihm bereits im Aufnahmebericht »große Lücken« attestiert hatte, reichte es nur zu einer 3, was heute etwa einem »Ausreichend« entsprechen würde. Darauf kam es aber ohnehin nicht an, da Einstein in seiner Maturaanmeldung angegeben hatte, am eidgenössischen Polytechnikum Mathematik und Physik studieren zu wollen. Sein Ziel war es, Professor für »Theoretische Naturwissenschaften« zu werden, wie er im Aufsatz der Französischmatura mit dem Titel »Meine zukünftigen Pläne« geschrieben hatte.

Noch bevor Einstein mit dem Studium in Zürich begann, hatte er sich bereits mit aktuellen Problemen der damaligen Physik beschäftigt. Schon im Sommer 1895, als er sich noch bei seinen Eltern in Pavia aufhielt, hatte er seine erste eigenständige wissenschaftliche Arbeit geschrieben und seinem Onkel, Cäsar Koch, geschickt. Zwar handelte es sich um kaum mehr als eine Fingerübung. Interessant ist aber, dass er sich darin mit dem Äther auseinander setzte, einem der zentralen Aspekte seiner Speziellen Relativitätstheorie. Der Äther war ein hypothetisches Medium, in dem sich elektro-

---

Liebes Mamerl! Draußen ist lockender Sonnenschein & ich bin frei & hab gar nichts zu thun, & doch ziehts mich nicht von meiner Bude ins Freie. ... Ich suche die Einsamkeit, um mich dann still über sie zu beklagen. Und ich könnt nicht sagen warum mirs so merkwürdig ist, bin immer noch der gleiche sonderbare Kerl wie früher.

Einstein an Pauline Winteler, Mai 1897

magnetische Wellen, wie Licht, ausbreiten konnten. Etwa zur selben Zeit hat ihn ein Gedankenexperiment beschäftigt, das er später als den Keim der Speziellen Relativitätstheorie ansah: Wie sieht ein fiktiver Beobachter eine Lichtwelle, wenn er sich selbst mit Lichtgeschwindigkeit bewegt? Wir werden auf diese beiden Motive später zurückkommen.

Im Oktober 1896 immatrikulierte er sich in Zürich am Polytechnikum, Abteilung VI der »Schule für Fachlehrer mathematischer und naturwissenschaftlicher Richtung«. Gemeinsam mit ihm schrieben sich nur zehn weitere Studenten ein, darunter auch Einsteins spätere Frau, Mileva Marić.

Einstein quartierte sich zunächst zur Untermiete in der Unionsstraße 4 ein. Von dort aus hatte er es nicht weit bis zur »Poly«, wie die Studenten ihre Lehranstalt nannten. Finanziell unterstützte ihn sein Onkel Cäsar Koch mit einem monatlichen Scheck über hundert Franken. Sein Vater war dazu nicht mehr in der Lage, weil das Unternehmen in Pavia bereits ein Jahr nach seiner Gründung liquidiert werden musste. Ein schwerer Schlag für die Familie. Während Jakob Einstein seine Lehren daraus zog und als Angestellter ein sorgenfreies Einkommen hatte, versuchte es Alberts Vater erneut als Unternehmer. In Mailand eröffnete er 1896 eine neue Firma für Dynamos und Elektromaschinen. Doch auch dieses Unternehmen blieb auf Dauer glücklos. Schon zwei Jahre nach der Gründung, im Jahre 1898, meldete Hermann Einstein Konkurs an. Den Sohn bedrückte das Schicksal seiner Eltern sehr – vor allem »schmerzt es mich tief, dass ich als erwachsener Mensch untätig zusehn muss, ohne auch nur das Geringste machen zu können. Ich bin ja nichts als eine Last für meine Angehörigen.«

Mileva Marić (19.12.1875–4.8.1948), Einsteins erste Frau, ging 1894 nach Zürich. Dort absolvierte sie die Höhere Töchterschule und nahm 1896 das Physikstudium an der ETH auf. Das Diplom erlangte sie nicht. Am 6.1.1903 heiratete sie Einstein in Bern, die Ehe wurde aber am 14.2.1919 geschieden. Von 1914 an lebte sie in Zürich, anfänglich mit beiden Söhnen. Nachdem der ältere Sohn Hans Albert 1937 in die USA emigriert war, kümmerte sie sich um den jüngeren Sohn Eduard, der später geisteskrank wurde. Mileva starb in Zürich.

Der Vater versuchte es danach noch zweimal mit Elektrizitätsunternehmen in den norditalienischen Orten Canneto sull' Oglio und Isola dell Scala. Hierfür benötigte er Kredite, die ihm sein Vetter Rudolf gewährte. Dieser hatte in Hechingen eine gut gehende Textilfirma. Im Jahre 1901 beschwerte sich Albert in einem Brief an Mileva über seinen Onkel Rudolf: »Die armen [Eltern] haben stets Ärger und Sorgen wegen des leidigen Geldes. Mein lieber Onkel Rudolf (der Reiche) sekiert sie schrecklich.« Gut ein Jahr später starb der Vater im Alter von 55 Jahren. Ironischerweise sollte Albert Einstein 17 Jahre später Onkel Rudolfs Tochter Elsa heiraten.

An der Poly musste Einstein ein vorgeschriebenes Pensum an Pflichtveranstaltungen absolvieren, die im Wesentlichen

7   Einstein als Student an der ETH in Zürich

aus Mathematik- und Physikvorlesungen sowie physikalischen Praktika bestanden. Hinzu kamen »nichtobligatorische Fächer«, die ein Student besuchen konnte und die nicht benotet wurden. Bei diesen Nebenfächern fällt auf, dass Einstein neben naturwissenschaftlichen Themen wie Urgeschichte des Menschen oder Geologie der Gebirge sich sehr für Ökonomie interessierte. So besuchte er Vorlesungen über Bank- und Börsengeschäfte oder Grundlagen der Nationalökonomie.

Wesentlich aber waren für ihn selbstverständlich die Mathematik- und Physikveranstaltungen. Seine Leistungen in diesen Fächern waren fast durchweg gut bis sehr gut, auch wenn er die Mathematik eher nebenbei betrieb. »Dort hatte ich vortreffliche Lehrer (z. B. Hurwitz, Minkowski), so dass ich eigentlich eine tiefe mathematische Ausbildung hätte erlangen können. Ich aber arbeitete die meiste Zeit im physikalischen Laboratorium, fasziniert durch die direkte Berührung mit der Erfahrung«, schrieb er später. Hermann Minkowski war ein hervorragender Mathematiker, der 1908 eine bedeutende Arbeit zur Speziellen Relativitätstheorie herausgab. In ihr fasste er Raum und Zeit zum vierdimensionalen Raumzeit-Kontinuum zusammen und verlieh der Theorie damit die seitdem gebräuchliche, elegante mathematische Struktur.

Einstein betrachtete zu dieser Zeit die Mathematik eher als Nebensache. Er meinte, »dass es für den Physiker genüge, die elementaren mathematischen Begriffe klar erfasst und für die Anwendung bereit zu haben, und dass der Rest für den Physiker aus unfruchtbaren Subtilitäten bestehe... Es wurde mir als Student nicht klar, dass der Zugang zu den tieferen prinzipiellen Erkenntnissen in der Physik an die feinsten mathematischen Methoden gebunden war. Dies dämmerte mir

---

James Clerk Maxwell (13.6.1831– 5.11.1879) war einer der bedeutendsten Physiker der Neuzeit. Er kam in Edinburgh zur Welt und erwies sich schon früh als mathematisch außerordentlich begabt. Er lehrte ab 1856 am Marishal College, Aberdeen, und von 1860 bis 1865 am King's College in London. Dann zog er sich aus gesundheitlichen Gründen auf sein schottisches Gut Glenlair zurück. Dort schuf er 1873 sein Werk ›Treatise on Electricity and Magnetism‹. Darin behandelt er die elektrischen und magnetischen Kräfte als Felder und stellt sie in einem

erst allmählich nach Jahren selbständiger wissenschaftlicher Arbeit«, und zwar auf dem Weg zur Allgemeinen Relativitätstheorie.

Einstein war kein strebsamer Student, wohl aber konnte er sich für ausgewählte Bereiche durchaus begeistern. Seine Semesterzeugnisse weisen durchweg $4\,^{1}/_{4}$ bis 6 von 6 möglichen Punkten auf. Bemerkenswert ist lediglich eine 1, also die schlechtest mögliche Note, im Physikalischen Praktikum für Anfänger. Der Grund hierfür war eine Auseinandersetzung mit dem Praktikumsleiter Jean Pernet wegen Einsteins unkonventioneller Lösungswege oder auch weil er die Veranstaltung häufig schwänzte. Jedenfalls warf Pernet Einstein vor, er habe wohl keinen Begriff davon, wie schwierig der Lehrgang der Physik sei. »Warum studieren sie nicht lieber Medizin, Juristerei oder Philologie?« Darauf Einstein: »Weil mir dazu erst recht die Begabung fehlt, Herr Professor. Warum soll ich es nicht in der Physik wenigstes probieren?« Das brachte dem aufmüpfigen Studenten einen »Verweis durch den Direktor wegen Unfleiss« ein.

Mehr Eifer brachte er in Professor Webers Kursus im exzellent ausgestatteten Elektrophysikalischen Laboratorium auf. Weber gab ihm die Bestnote. Generell war das Studium sehr auf die Praxis und eher ingenieurwissenschaftliche Zwecke ausgerichtet, die theoretische Physik spielte eine völlig untergeordnete Rolle. Und damit war Einstein wie schon in den Jahren zuvor auf das Selbststudium angewiesen. »Mit heiligem Eifer« widmete er sich den Werken der großen Theoretiker. So studierte er Ludwig Boltzmanns ›Vorlesungen über Gastheorie‹ und Ernst Machs ›Mechanik und ihre Entwicklung‹. »Wie eine Offenbarung« erschien ihm aber die Theorie

---

Gleichungssystem dar. Diese Theorie besagt auch, dass Licht eine Form elektromagnetischer Wellen ist. Die Maxwellsche Theorie spielte eine zentrale Rolle bei der Entwicklung der Speziellen und Allgemeinen Relativitätstheorie. Außerdem entwickelte Maxwell die moderne kinetische Gastheorie und lieferte bedeutende Beiträge zur Farbenlehre.

elektromagnetischer Felder, die der Schotte James Clerk Maxwell ein halbes Jahrhundert zuvor entwickelt hatte. Als Quelle diente ihm das Lehrbuch von Paul Drude über die ›Physik des Aethers auf elektromagnetischer Grundlage‹. Außerdem verfügte er über die Arbeiten von Heinrich Hertz, der 1892 in seinen ›Untersuchungen über die Ausbreitung der elektrischen Kraft‹ Maxwells Theorie in eine mathematisch einfachere Form gebracht und damit die schwierige Materie einem breiteren Physikerkreis zugänglich gemacht hatte.

Diese Werke gaben Einstein entscheidende Anregungen auf dem Weg zur Speziellen Relativitätstheorie, in der er den Äther gänzlich abschaffte. Deutlich brachte er dies in einem Brief vom August 1899 an Mileva Marić zum Ausdruck: »Ich habe den Band Helmholtz zurückgetragen & studiere gegenwärtig noch einmal aufs genaueste Hertz' Ausbreitung der elektrischen Kraft. ... Es wird mir immer mehr zur Überzeugung, dass die Elektrodynamik bewegter Körper, wie sie sich gegenwärtig darstellt, nicht der Wirklichkeit entspricht, sondern sich einfacher wird darstellen lassen. Die Einführung des Namens ›Äther‹ in die elektrischen Theorien hat zur Vorstellung eines Mediums geführt, von dessen Bewegung man sprechen könne, ohne dass man wie ich glaube, mit dieser

8 Mileva Marić, Einsteins spätere Frau, um 1896

Aussage einen physikalischen Sinn verbinden kann. Ich glaube, dass elektrische Kräfte nur für den leeren Raum direkt definierbar seien...«

Einstein lernte Mileva Marić 1896 oder 1897 kennen. Mileva war am 19. Dezember 1875 in dem Dorf Kać als Kind einer serbischen Bauernfamilie zur Welt gekommen und in Neusatz, heute Novi Sad, aufgewachsen. Damals gehörte dieses Gebiet der Wojwodina zur k. u. k.-Monarchie Österreich-Ungarn. Um die Dominanz der Serben in diesem Gebiet zu schwächen, hatte Österreich dort fremde Volksgruppen angesiedelt, so dass auch viele Ungarn und Deutsche in der Wojwodina lebten. Mileva war ein sehr begabtes Kind, das schon früh die deutsche Sprache lernte. Ende 1894 ging sie nach Zürich, um dort in der Höheren Töchterschule eine Ausbildung zur Lehrerin aufzunehmen. Die dortige Universität war damals die erste in Europa, an der man Frauen den Zutritt zu Prüfungen gewährte. Dort schrieb sie sich im Sommer 1896 für das Medizinstudium ein, wechselte aber im Herbst in die Sektion VI A, wo sich Einstein zur selben Zeit immatrikulierte. Sie war in dieser Sektion die fünfte Frau überhaupt und die einzige in ihrem Jahrgang.

Im Jahr 1897 hatten die beiden bereits Freundschaft geschlossen, wie sich einem Brief entnehmen lässt, den Mileva im Herbst 1897 aus dem fernen Heidelberg schrieb. Dort hatte sie sich für ein Semester als Gasthörerin immatrikuliert. Nach ihrer Rückkehr nach Zürich müssen sich die beiden dann näher gekommen sein. Im September 1899 schrieb Einstein aus Mailand seinem lieben »Doxerl«, das gerade für sein Examen lernte: »Wenn ich Ihnen nur ein bissel beistehen könnte, seis auch nur, um Ihnen ein wenig Abwechslung zu bringen,

> Mein Doxerl sei Schnaberl
> Des mecht i gern hern
> Und nachher ihm's lustig
> Mit meinem verspern ...
> *Schlussvers eines »Schnadahüpfls«, das Einstein im August 1900 Mileva schrieb*

seis in den Studien, oder seis als Johann mit allen hübschen Kleinigkeiten, die so dran hängen.« Mileva nannte Einstein Johannzel oder Johonzel. Allerdings tauschten die beiden keineswegs nur Privates untereinander aus. Auch in physikalischen Fragen war sie seine Gesprächspartnerin.

In den Züricher Jahren schloss Einstein zudem zwei Freundschaften, die sein Leben lang halten und für seine spätere wissenschaftliche Laufbahn von großer Bedeutung werden sollten. Da war zunächst der Schweizer Marcel Grossmann, ein Mathematikstudent, für den er sofort eine tiefe Zuneigung empfand. Grossmann war ein sehr pflichtbewusster Student, der seine Vorlesungen so sorgfältig ausarbeitete, dass Einstein sie zur Examensvorbereitung nutzte. Grossmanns Mathematikkenntnisse sollten Einstein später bei der Ausarbeitung der Allgemeinen Relativitätstheorie entscheidend zugute kommen.

Der zweite Freund war Michele Besso, ein sechs Jahre älterer Schweizer, der am Polytechnikum Maschinenbau studiert hatte und nun bei einer Firma in Winterthur arbeitete. Kennen gelernt hatten sie sich bei einem Kammermusikabend bei einer Züricher Familie, wo der junge Violinist Einstein ein gern gesehener Gast war. Mit Besso arbeitete Einstein später intensiv an dem Problem der Periheldrehung der Merkurbahn, das bei der Suche nach der Allgemeinen Relativitätstheorie eine zentrale Bedeutung bekam.

Im Juli 1900 legten Einstein, Marić, Grossmann sowie die beiden Studenten Jakob Ehrat, mit dem Einstein später befreundet war, und Louis Kollros das Diplom ab. Die Themen der Diplomarbeiten sind nicht erhalten geblieben. Später bemerkte Einstein dazu lediglich, dass seine Arbeit mit Wärme-

Marcel Grossmann (9.4.1878–7.9.1936) kam in Budapest zur Welt, wo er auch zur Schule ging. Einstein lernte er an der ETH Zürich kennen, wo er von 1896 bis 1900 studierte. 1902 promovierte er an der Universität Zürich und wurde 1907 Professor für Geometrie an der ETH. 1912 war er bei der Einstellung Einsteins beteiligt, mit dem er anschließend bis 1914 über mathematische Aspekte der Allgemeinen Relativitätstheorie zusammenarbeitete. Er starb 1936 in Zürich.

> Ihre Photographie hat bei meiner Alten großen Effekt gemacht. Während sie in der Betrachtung versunken war, sagte ich dazu sehr verständnisinnig: Ja, ja, die ist halt ein gescheites Luder. ... Seien Sie herzlich gegrüßt u.s.w., letzteres besonders, von Ihrem Albert.
>
> *Einstein an Mileva, November 1898.*

leitung zu tun hatte. Für ihn war sie ohnehin eine reine Pflichtveranstaltung »ohne irgendwelches Interesse«. Im abschließenden Examen wurde Marcel Grossmann mit einem Schnitt von 5,23 Zweitbester, Einstein mit 4,91 Vierter. Ihnen erteilte die »Conferenz der Examinatoren« das Diplom. Einzig Mileva verweigerte sie den Abschluss mit einem Durchschnitt von 4,0.

Zu diesem Rückschlag kam noch ein privates Problem hinzu. Als Einstein sich unmittelbar nach dem Diplomexamen mit seinen Eltern in dem Schweizer Urlaubsort Melchtal traf, fragte ihn die Mutter, was denn nun aus dem »Doxerl« würde. »Meine Frau«, antwortete Einstein. Daraufhin warf sich die Mutter aufs Bett, verbarg den Kopf in den Kissen und weinte wie ein Kind. Seine Mutter war von Anfang an gegen diese Freundschaft gewesen. »Sie ist ein Buch wie Du – Du solltest aber eine Frau haben. Bis Du 30 bist, ist sie eine alte Hex«, warf sie ihm vor. Mileva war gut drei Jahre älter als Einstein.

Einstein kümmerte sich wie gewohnt nicht um die Einschätzungen seiner Mitmenschen. Unsterblich verliebt schrieb er seinem Doxerl: »Wenn ich nur bald wieder bei Dir in Zürich sein könnte mein Schätzchen! Sei tausendmal gegrüßt und kolossal geputzerlinet.«

Michele Besso (25.5.1873 – 15.3.1955) wurde in Zürich geboren und ging in Triest zur Schule. Ab 1890 studierte er Mathematik und Physik an der Universität Rom, wechselte aber 1891 an die ETH Zürich, wo er sich für Maschinenbau einschrieb. Einstein lernte er 1896 in Zürich kennen. Besso wechselte häufiger seinen Arbeitsplatz, wobei er u. a. als Ingenieur und technischer Experte tätig war, so von 1920 bis 1938 am Berner Patentamt. Einstein und Besso sahen sich 1930 zum letzten Mal. Besso starb 1955 in Petit-Saconnex, Kanton Genf.

> Wenn ich nicht bei Dir bin, dann denke ich immer mit solcher Zärtlichkeit an Dich, als du Dirs kaum einbilden kannst, wenn ich auch immer ein beeser Kerl bin, wenn ich bei Dir bin.
> *Einstein an Mileva 1902*

Sein Onkel stellte nach dem Examen die finanzielle Unterstützung ein, so dass Einstein nun selbst Geld verdienen musste. Seine Hoffnung, am Poly eine Assistentenstelle zu bekommen, erfüllte sich nicht. Auch Anfragen bei zahlreichen Instituten in Holland, Deutschland und Italien blieben erfolglos. Die meisten der angeschriebenen Professoren antworteten gar nicht.

Um seinen Bewerbungen zukünftig mehr Gewicht zu verleihen, schrieb Einstein seine ersten beiden Veröffentlichungen. Er beschäftigte sich mit einer Theorie über zwischenmolekulare Kräfte, die er auf das Phänomen der Kapillarität anwandte. Diese erste Arbeit reichte er im Dezember 1900 bei den ›Annalen der Physik‹ ein, wo sie auch im März des darauf folgenden Jahres erschien. Er schob noch eine zweite Veröffentlichung nach, in der er seine Ergebnisse auf Salzlösungen anwandte. Diese erschien 1902.

Eine kurze Überbrückung bot ihm eine Aushilfsstelle als Lehrer am Technikum in Winterthur, die er im Mai 1901 antrat. Als er im Juli nach Zürich zurückkehrte, war Mileva gerade das zweite Mal durchs Examen gefallen. Zutiefst enttäuscht reiste sie zu ihren Eltern ab, während Einstein weiter als Privatgelehrter forschte. Durch eine Zeitungsanzeige wurde er dann auf eine Stelle als Lehrer an einer Privatschule in Schaffhausen aufmerksam. Dort sollte ein englischer Schüler auf die Matura vorbereitet werden. Einstein erhielt die Stelle und siedelte im September nach Schaffhausen um.

Am 14. Dezember 1900 hielt Max Planck in Berlin vor der Deutschen Physikalischen Gesellschaft einen Vortrag, in dem er die allgemeine **Strahlungsformel** vorstellte und physikalisch begründete. Dabei stellte er sich die Licht aufnehmenden und abgebenden Teilchen als Oszillatoren vor. Damit das Strahlungsgesetz die damals vorliegenden Messdaten richtig wiedergab, musste Planck eine Konstante einführen, deren fundamentale Bedeutung sowohl Planck selbst als auch allen Kollegen unklar blieb. Erst Einstein erkannte 1905, dass sowohl die

Von dort schrieb er Marcel Grossmann: »Du kannst Dir denken, wie glücklich ich darüber bin, wenn auch eine solche Stelle für eine selbständige Natur nicht gerade ein Ideal ist. Doch glaube ich, dass dabei immerhin noch ein wenig Zeit für meine Lieblingsstudien übrig bleibt, so dass ich wenigstens nicht einrosten muß.« Aus dem Brief geht hervor, dass er sich zu der Zeit bereits wieder mit dem Ätherproblem beschäftigte.

Ansonsten war das Intermezzo in Schaffhausen jedoch eher unerfreulich. »Ich lebe hier, wie wenn ich völlig allein wäre, indem ich mit keinem Menschen privatim verkehre«, schrieb er Mileva. Auch mit seinem Arbeitgeber verstand er sich überhaupt nicht, immer häufiger kam es zu Streitereien zwischen den beiden. Ein Gutes hatte sein Aufenthalt in der Stadt am Rhein jedoch: Einstein hatte viel Zeit für private Studien. Mit seinen zwei Veröffentlichungen wagte er nun auch einen Vorstoß, eine Dissertation anzufertigen. Ende November 1901 meldete er sich hierfür an der Universität Zürich an. Der dortige Professor Kleiner lehnte ihn jedoch ab.

Das Jahr 1901 hatte dem jungen Paar nicht nur existenzielle Probleme bereitet. Mileva war zudem im April schwanger geworden. »Pfleg Dich nur gut und sei munter und freu Dich auf unser liebes Lieserl, das ich mir allerdings im Geheimen lieber als Hanserl vorstelle«, schrieb er im Dezember 1901 an Mileva, die bei ihren Eltern wohnte.

Kurz darauf, im Januar 1902, kam es zum endgültigen Bruch mit dem Arbeitgeber. Einstein kündigte vorzeitig die auf ein Jahr festgesetzte Stelle und reiste umgehend aus Schaffhausen »mit Knalleffekt« ab. Er hatte diesen Schritt wohl auch deswegen gewagt, weil er fest mit einer Anstel-

Energie der Oszillatoren als auch das Licht selbst quantenhaften Charakter haben. Die Planck-Konstante, auch Plancksches Wirkungsquantum genannt, verbindet die Energie eines Quants mit dessen Frequenz. Sie ist eine Fundamentalkonstante, welche die Grenze der physikalischen Naturbeschreibung im klassischen Sinne festlegt.

lung im Berner Patentamt rechnete. Marcel Grossmanns Vater Jules war eine guter Bekannter des dortigen Direktors, Friedrich Haller, und hatte für den Studienfreund seines Sohnes ein gutes Wort eingelegt. Einstein hatte schon im April 1901 davon erfahren und war guten Mutes, schon bald die Stelle antreten zu können. Die Ausschreibung zog sich jedoch noch bis zum Dezember des Jahres hin, offiziell bewarb er sich am 18. Dezember. Die endgültige Zusage sollte erst ein halbes Jahr später erfolgen, Einstein aber war von Anfang an von seiner Anstellung überzeugt, und eine notwendige Voraussetzung für die Anstellung am Patentamt hatte er auch noch schnell erfüllt: Er hatte die Schweizer Staatsangehörigkeit angenommen.

Voller Optimismus übersiedelte er gleich nach Bern, wo er ein kleines, möbliertes Zimmer in der Gerechtigkeitsgasse 32 bezog. Hier erfuhr er auch von der Geburt der Tochter Lieserl. An die Übersiedelung von Frau und Kind war indes nicht zu denken, weil er noch völlig mittellos war. Um sich zumindest seinen Lebensunterhalt zu sichern, gab er in der Lokalzeitung eine Anzeige auf, in der er Privatstunden in Mathematik und Physik anbot. Schon drei Tage später konnte er Mileva freudig berichten, er habe »einen Ingenieur & einen Architekten gefunden & noch mehr in Aussicht«. Der Stundenlohn lag bei zwei Franken. »Das ist doch ganz hübsch.«

Endlich, am 19. Juni, beschloss der Bundesrat, Einstein als »technischen Experten III. Klasse des eidg. Amtes für geistiges Eigentum« mit einem Jahresgehalt von 3500 Franken einzustellen. Damit war Einsteins Existenz erstmals finanziell gesichert. Am Montag, dem 23. Juni, trat er pünktlich um acht Uhr in der Genfergasse seinen Dienst an.

Wunderjahre im Berner Patentamt

In Bern begann für Einstein ein neuer Lebensabschnitt. Er hatte ein sicheres Einkommen und einen geregelten Arbeitstag, und er war für eine Familie verantwortlich. Seinem Freund Hans Wohlwend, den er in der Kantonsschule in Aarau kennen gelernt hatte, schrieb er: »Ich habe ganz fürchterlich viel zu thun. Jeden Tag 8 Stunden Amt und eine Privatstunde mindestens & dann arbeite ich noch wissenschaftlich. ... Sogar mittags zwischen 1 und 2 bin ich nicht zuhause, sondern lese mit einem Freund in einem philosophischen Buch. ... Meine Thätigkeit im Amt gefällt mir sehr, da sie ungemein abwechslungsreich ist und viel zu denken gibt. Noch besser aber kommt mir die hübsche Bezahlung zustatten.« Die Absicht, eine Doktorarbeit anzufertigen, hatte er aufgegeben, »da mir das doch wenig hilft und die ganze Komödie mir langweilig geworden ist.«

Auch privat fühlte sich Einstein in der »altertümlichen, urgemütlichen Stadt« von Anfang an zu Hause. Kurz nach seinem Amtsantritt schrieb er Mileva: »Grade komme ich heiter vom Garten mit Ehrat und Solovine und noch einem jungen Mann, den ich von Schaffhausen her kenne & der eigens mit nach Bern kam, um mich zu besuchen.« Maurice Solovine war ein rumänischer Philosophiestudent, der bei Einstein Unterricht in Physik genommen hatte. Jakob Ehrat war ein Kommilitone in Zürich gewesen. Der andere »junge Mann« war vermutlich Paul Habicht, ein Maschinenbauer,

---

Bern ist die Hauptstadt der Schweiz und des Kantons Bern. Im Tal der Aare auf einer Flusshalbinsel gelegen, besitzt die eng gebaute Altstadt immer noch ihren mittelalterlichen Charakter. Im Großen und Ganzen war Bern zu Einsteins Zeiten eine gemütliche Beamten- und Patrizierstadt, die seit 1834 auch eine Universität besaß.

den er aus Schaffhausen kannte. Eine innige Freundschaft verband Einstein jedoch mit Paul Habichts älterem Bruder Conrad, der an der Universität Bern Mathematik studierte. Zusammen mit ihm und Maurice Solovine gründete er eine Art Debattierklub, die »Akademie Olympia«. Gewöhnlich trafen sie sich in Einsteins Stube und lasen gemeinsam Werke von Mach, Hume oder Poincaré und diskutierten bis spät in die Nacht hinein, während sich der Raum mit immer dichter werdendem, erstickendem Tabakqualm füllte. Hin und wieder griffen sie auch zu literarischen Werken, beispielsweise von Sophokles, Cervantes oder Racine. Allerdings beschäftige sich Einstein nie intensiv mit Literatur.

Die Diskussionsabende, bei denen die drei Freunde auch musizierten, waren für Einstein eine erholsame Abwechslung im gleichförmigen Alltag. Die Akademie »tagte« bis Anfang 1904. Dann promovierte Habicht und nahm eine Stelle als Gymnasiallehrer in Schiers, Kanton Graubünden, an. Solovine wechselte im November 1905 an die Universität Lyon.

Auch im Privatleben gab es bedeutende Veränderungen. Ende 1902 war Mileva nach Bern gekommen, und am 6. Januar heirateten beide standesamtlich. Neben den beiden Trauzeugen Habicht und Solovine waren keine weiteren Gäste anwesend. Anfänglich scheint Einstein das Eheleben gut bekommen zu sein, denn »sie [Mileva] sorgt ausgezeichnet für alles, kocht gut und ist immer vergnügt«, teilte er seinem Freund Michele Besso wenige Wochen nach der Hochzeit mit.

Es gab jedoch ein Problem, um das sich bis heute Spekulationen und Gerüchte ranken. Das kleine Lieserl war vermutlich bei den Großeltern in Kać geblieben. Zwar schrieb Einstein

---

Das **Patentamt**, in dem Einstein von 1902 bis 1909 arbeitete, befand sich im oberen Stockwerk eines neuen Gebäudes der Post- und Telegrafendirektion. Einstein hatte dort eine 48-Stunden-Woche, in der er Patentanträge prüfte und an der endgültigen Formulierung technischer Patente mitwirkte. Die Arbeit »zwang zu vielseitigem Denken, bot auch wichtige Anregungen für das physikalische Denken«, meinte Einstein später einmal.

9 Conrad Habicht, Maurice Solovine und Einstein als Mitglieder der Akademie Olympia in Bern

seinem Studienfreund Marcel Grossmann, es bliebe nur noch »die Frage, wie wir unser Lieserl zu uns nehmen könnten; ich möchte nicht, dass wir es aus der Hand geben müssen.« Tatsächlich kam das Kind nie nach Bern, und wahrscheinlich hat es der Vater nie zu Gesicht bekommen. Im September 1903, als Lieserl bereits anderthalb Jahre alt war, reiste Mileva zu ihren Eltern. Einstein schrieb ihr: »Die Geschichte mit dem Lieserl thut mir sehr leid. Es bleibt so leicht vom Scharlach etwas zurück. Wenn nur alles gut vorbeigeht. Als was ist denn das Lieserl eingetragen? Wir müssen sehr Sorge haben, dass dem Kinde nicht später Schwierigkeiten erwach-

---

Die **Akademie Olympia** war für Einstein und seine Freunde eine Einrichtung, in der sie philosophische und physikalische Fragen diskutierten. Der Spaß kam hierbei allerdings nicht zu kurz. Fast ein halbes Jahrhundert später schrieb Einstein an Solovine: »Es war doch eine schöne Zeit damals in Bern, als wir unsere lustige Akademie betrieben, die weniger kindisch war als jene respektabeln, die ich später von nahem kennengelernt habe.«

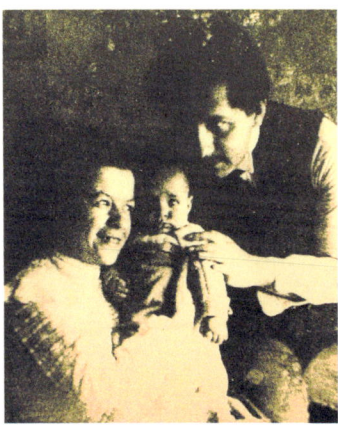

10 Die junge Familie Einstein in der Wohnung Kramgasse in Bern

sen.« Historiker vermuten, dass sie das Kind zur Adoption freigeben wollten. Hierfür spricht auch die Bemerkung in diesem Brief, er wolle, dass Mileva »ein neues Lieserl« bekäme, denn er wolle ihr »nicht vorenthalten, was doch das Recht aller Frauen ist.«

Belege für eine Adoptionsfreigabe gibt es aber nicht. Das Lieserl verschwand und blieb bis heute unauffindbar. Es wurde keine Geburtsurkunde gefunden, weder in Novi Sad, noch in Kać, wo Milevas Eltern abwechselnd wohnten. Selbst auf Grabsteinen suchte man später in dieser Gegend vergeblich nach Hinweisen. Unklar ist auch, wer die treibende Kraft bei dem mutmaßlichen Entschluss war, die Tochter zur Adoption freizugeben. Einiges deutet aber darauf hin, dass es Einstein war. Möglicherweise fürchtete er Unannehmlichkeiten mit seinem Arbeitgeber, der ihn zunächst nur »provisorisch« angestellt hatte. Schließlich war Lieserl ein voreheliches Kind. Erst im September 1904 wurde seine Einstellung vom Bundesrat »definitiv bestätigt.« Dieser geheimnisvolle Vorgang um die Tochter mag auch zu einer Kluft zwischen Mileva und Albert geführt haben, die im Laufe ihrer Ehe immer größer wurde.

Hans Albert Einstein (14.5.1904–26.7.1973), Alberts und Milevas erster Sohn, kam in Bern zur Welt. Das Verhältnis zwischen Vater und Sohn verlief sehr wechselhaft; nicht immer war es zum Besten bestellt, insbesondere nach der Scheidung der Eltern. Hans Albert studierte an der ETH Zürich, wo er 1926 sein Diplom als Bauingenieur erhielt. Zehn Jahre später promovierte er dort. Im Jahre 1937 emigrierte er in die USA und lehrte bis 1971 Hydraulik an der Universität Berkeley in Kalifornien. Im Jahre 1973 starb er an einem

Kurz nach der Hochzeit zog das Paar in eine kleine Dachwohnung in der Tillierstraße 18 mit einem grandiosen Blick auf die Alpen. Neben der Arbeit und seiner »Akademie Olympia« widmete sich Einstein auch wieder seinen eigenen Studien. Insbesondere beschäftigte er sich mit der Frage, wie sich die Eigenschaften der Materie durch die Bewegung von Atomen und Molekülen erklären lassen. Seine Überlegungen basierten auf den Arbeiten von James Clerk Maxwell und Ludwig Boltzmann. Beide vertraten die damals nicht selbstverständliche Auffassung, die Materie sei aus kleinsten Teilchen, Atomen und Molekülen aufgebaut. Innerhalb von zwei Wochen verfasste Einstein zwei Arbeiten zu diesem Thema, die in den ›Annalen der Physik‹ erschienen. Diese Veröffentlichungen erwiesen sich als erster Einstieg in wissenschaftliche Kreise. Ein Kollege im Patentamt, Josef Sauter, sorgte dafür, dass die »Naturforschende Gesellschaft« in Bern Einstein als Mitglied aufnahm.

Im Oktober 1903 stand wieder einmal ein Umzug an. »Ich will Sie mit Freuden … in Kramgasse 49 II. Stock empfangen«, schrieb er Conrad Habicht, um dann ohne Umschweife hinzuzufügen: »Wir kriegen in ein paar Wochen ein Junges.« Am 14. Mai des folgenden Jahres kam der Sohn zur Welt, den sie Hans Albert tauften.

Neben seinen Aufgaben als Familienvater und Patentbeamter verfolgte Einstein nach wie vor seine privaten Studien. Eine Bereicherung war in dieser Hinsicht sein Freund aus Züricher Tagen, Michele Besso, der sich in Triest eine Zeit lang als freiberuflicher Ingenieur versucht hatte. Als Ende 1903 eine Stelle im Berner Patentamt besetzt werden sollte, machte Einstein seinen Freund darauf aufmerksam. Besso

---

Herzanfall. Er war zweimal verheiratet. Aus der ersten Ehe mit Frieda Knecht gingen zwei Söhne hervor: Klaus, der mit sechs Jahren an Diphterie starb, und Bernhard Caesar. Das dritte Kind war das 1941 geborene Mädchen namens Evelyn. Frieda starb 1958. Die zweite Ehe mit der Medizinerin Elizabeth Roboz blieb kinderlos.

erhielt die Stelle und kam im Sommer 1904 nach Bern. Als Ingenieur konnte Besso Einsteins Forschungen vielleicht nicht immer folgen, aber mit seinem klaren Verstand stellte er die richtigen Fragen und wurde so für Einstein zum idealen Partner. »Einen besseren Resonanzboden hätte ich in ganz Europa nicht finden können«, meinte er einmal über ihn.

Einstein hatte sich durch seine Veröffentlichungen mittlerweile in Fachkreisen einen Namen gemacht. So kam es, dass man ihn als Referenten der ›Beiblätter zu den Annalen der Physik‹ einlud. In dieser Zeitschrift wurden Veröffentlichungen aus anderen Fachzeitschriften zusammengefasst und kommentiert. Bis 1907 verfasste er hier 23 Besprechungen zu Arbeiten aus dem Gebiet der Wärmelehre. Diese Tätigkeit gab ihm eine gute Gelegenheit, sich über den physikalischen Fortschritt in diesem Gebiet auf dem Laufenden zu halten.

Bis zum Frühjahr 1905 arbeitete Einstein mit äußerster Intensität an mehreren Fragen gleichzeitig. Aus dieser Zeit sind nur wenige kurze Briefe an Conrad Habicht bekannt, der eine Stelle als Lehrer in Graubünden hatte, Einstein aber hin und wieder besuchte. Im Mai 1905 schrieb ihm Einstein einen ungewöhnlich langen Brief, der die Ergebnisse seiner jüngsten Forschungen zum Inhalt hatte. In gewohnt lapidarer Form beschrieb er darin jene Erkenntnisse, die kurz darauf eine Revolution in der Physik einleiteten.

»Lieber Habicht!
Es herrscht ein weihevolles Stillschweigen zwischen uns, so dass es mir fast wie eine sündige Entweihung vorkommt, wenn ich es jetzt durch ein wenig bedeutsames Gepappel

---

Das einzige Projekt, das er jemals aufgegeben hat, bin ich. Er versuchte mir Ratschläge zu geben, entdeckte aber bald, dass ich stur war und er nur seine Zeit vergeudete.
Hans Albert Einstein über seinen Vater, 1973

unterbreche. Aber geht es dem Erhabenen in dieser Welt nicht stets so? Was machen Sie denn, Sie eingefrorener Walfisch, Sie geräuchertes, getrocknetes, eingebüchstes Stück Seele, oder was ich sonst noch, gefüllt mit 70% Zorn und 30% Mitleid, Ihnen an den Kopf werfen möchte. ... Ich verspreche Ihnen vier Arbeiten, von denen ich die erste in Bälde schicken könnte, da ich die Freiexemplare baldigst erhalten werde. Sie handelt über die Strahlung und über die energetischen Eigenschaften des Lichtes und ist sehr revolutionär. ... Die zweite Arbeit ist eine Bestimmung der wahren Atomgröße aus der Diffusion und inneren Reibung der verdünnten flüssigen Lösung neutraler Stoffe. Die dritte beweist, dass unter Voraussetzung der molekularen Theorie der Wärme in Flüssigkeiten suspendierte Körper von der Größenordnung 1/1000 mm bereits eine wahrnehmbare ungeordnete Bewegung ausführen müssen, welche durch die Wärmebewegung erzeugt ist. Die vierte Arbeit liegt erst im Konzept vor und ist eine Elektrodynamik bewegter Körper unter Benützung einer Modifikation der Lehre von Raum und Zeit.«

Für die erste Arbeit erhielt er den Physik-Nobelpreis, die zweite und dritte beinhalteten bahnbrechende Erkenntnisse zum atomaren Aufbau der Materie und für die vierte Arbeit wurde er berühmt. Man nannte sie später Spezielle Relativitätstheorie. Drei dieser vier Publikationen hatte er zwischen dem 18. März und dem 30. Juni an die ›Annalen der Physik‹ geschickt, die Arbeit über die Atomgrößen in Flüssigkeiten reichte er als Doktorarbeit ein. Eine in der gesamten Wissenschaftsgeschichte einzigartige Leistung, die zu-

---

Der normale Erwachsene denkt über Raum-Zeit-Probleme kaum nach. Das hat er nach seiner Meinung bereits als Kind getan. Ich hingegen habe mich geistig derart langsam entwickelt, daß ich erst als Erwachsener anfing, mich über Raum und Zeit zu wundern.

*Einstein zu James Franck,
zitiert in der Einstein-Biografie von Carl Seelig*

dem auch noch aus dem Nichts aufgetaucht zu sein schien. Wissenschaftshistoriker sprechen daher von einem *annus mirabilis*, Einsteins Wunderjahr.

Die wegweisenden Arbeiten Albert Einsteins

Am wenigsten bekannt, aber dennoch wegweisend war die Arbeit ›Über die von der molekularkinetischen Theorie der Wärme geforderte Bewegung von in ruhenden Flüssigkeiten suspendierten Teilchen‹. Hierin setzte sich Einstein mit der zufälligen Bewegung von Schwebeteilchen in einer Flüssigkeit auseinander, die, wie er gleich zu Beginn vermutete, mit der so genannten Brownschen Bewegung identisch ist. Dies ist eine regellose Zitterbewegung von kleinsten, in einem Gas oder einer Flüssigkeit schwebenden Teilchen. Der Botaniker Robert Brown hatte dieses Phänomen 1827 als Erster beobachtet und im Prinzip auch richtig gedeutet. Eine vollständige Beschreibung der Brownschen Bewegung gelang jedoch nicht. Einsteins Veröffentlichung aus dem Jahre 1905 brachte hier den Durchbruch. Er zeigte, dass die Flüssigkeitsmoleküle aufgrund ihrer Wärmebewegung mit den viel schwereren Schwebeteilchen zusammenstoßen. Die hierbei in beliebiger Richtung erfolgenden Impulsüberträge gleichen sich aber nicht genau aus, so dass die Schwebeteilchen einen Nettoimpuls in eine beliebige Richtung erhalten. Einsteins Erklärung gewann dadurch an Bedeutung, dass sie einen Zusammenhang zwischen der im Mikroskop messbaren Bewegung der Teilchen und den Eigenschaften der unsichtbaren Atome herstellte. Sie lieferte sogar Voraussagen, die sich experimentell überprüfen ließen und die über die Richtigkeit der »molekularkinetischen Auffassung der Wärme«

Der Botaniker **Robert Brown** beobachtete 1827 unter dem Mikroskop eine unregelmäßige Bewegung von Pollenkörnern. Zunächst lag der Vergleich mit der Wanderung von Samenfäden nahe. Dann bemerkte er dieses Phänomen jedoch auch bei kleinsten Partikeln der unbelebten Materie. Damit musste die Erklärung der Brownschen Bewegung physikalischer und nicht biologischer Natur sein.

entscheiden konnten. Dies gelang Jean Perrin an der Sorbonne in Paris im Jahre 1908.

Mit dieser Arbeit gilt Einstein als Mitbegründer der statistischen Mechanik, und dies in einer Zeit, als die Existenz von Atomen nicht unumstritten war. Noch 1895 hatten sich Ludwig Boltzmann und Wilhelm Ostwald auf einer Versammlung der Naturforscher und Ärzte in Lübeck ein erbittertes Wortgefecht darüber geliefert. »Es ist dies ein interessantes Beispiel dafür, daß selbst Forscher von kühnem Geist und von feinem Instinkt durch philosophische Vorurteile für die Interpretation von Tatsachen gehemmt werden können«, urteilte Einstein später über den Anti-Atomisten Ostwald.

Mit der zweiten Arbeit über ›Eine neue Bestimmung der Moleküldimensionen‹ bewegte sich Einstein auf ähnlichem Terrain. Wie schon bei seiner Arbeit über Schwebeteilchen beschäftigte er sich auch hier mit Atomen und Molekülen in Flüssigkeiten und der Möglichkeit, aus einer messbaren makroskopischen Eigenschaft eine nicht messbare mikroskopische Größe zu errechnen. Er betrachtete eine Flüssigkeit, beispielsweise Wasser, in der eine andere Substanz gelöst wird. Die gelöste Substanz soll aus Molekülen bestehen, die im Vergleich zu den Wassermolekülen sehr groß sind. Stellt man sich die Wassermoleküle vereinfachend als Kugeln vor, so lässt sich aus der Änderung der Viskosität (Zähigkeit) der Lösung das Gesamtvolumen der gelösten Moleküle berechnen. In einem weiteren Schritt benutzte Einstein den Diffusionskoeffizienten (Ausbreitungsrate der gelösten

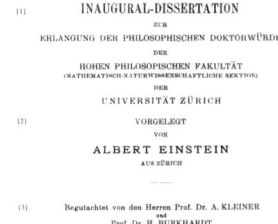

11 Titelseite von Einsteins Doktorarbeit

Substanz), um aus dem Gesamtvolumen auf die Größe der einzelnen Moleküle zu schließen.

Mit dieser Publikation wollte Einstein das bereits *ad acta* gelegte Thema Promotion doch noch einmal angehen. Und so wurde er wieder einmal bei Alfred Kleiner an der Universität Zürich vorstellig, der ihn knapp vier Jahre zuvor mit demselben Anliegen abgelehnt hatte. Offiziell reichte er sein Gesuch am 20. Juli 1905 bei Dekan Rudolf Martin ein und bat gleichzeitig um »Erlass der mündlichen und schriftlichen Prüfung.« Diese Möglichkeit sah die Promotionsordnung für Examinierte der ETH vor. Martin gab die Doktorarbeit am 22. an Kleiner und seinen Kollegen, den Mathematiker Heinrich Burkhardt, weiter. Und bereits am folgenden Tag bescheinigten beide: »Die Art der Behandlung zeugt von gründlicher Beherrschung der in Frage kommenden mathematischen Methoden.« Einstein ließ die nur 17 Seiten umfassende Arbeit drucken und war so innerhalb kürzester Zeit und ohne irgendwelche Probleme Doktor geworden. Seine Dissertation entwickelte sich zu einer der am häufigsten zitierten Arbeiten des 20. Jahrhunderts.

Vermutlich hätte er allein mit diesen beiden Arbeiten sein ursprüngliches Ziel einer Hochschulkarriere in Angriff nehmen können. Doch wahrhaft revolutionär waren die beiden anderen Veröffentlichungen. Da war zunächst jene ›Über einen die Erzeugung und Verwandlung des Lichtes betreffenden heuristischen Gesichtspunkt‹. Hinter diesem etwas umständlich wirkenden Titel verbirgt sich die Lichtquanten-Hypothese, wonach Licht keine Welle ist, sondern aus Teilchen besteht. Damit begab er sich auf den von Planck eingeschlagenen Weg der Quantentheorie. Während Planck fünf

---

Planck veranschaulichte die Atome als Resonatoren, also schwingende Teilchen. Einstein sagte dazu später,

... daß die Energie nur in ›Quanten‹ von der Größe $h\nu$ von dem einzelnen Resonator absorbiert werden kann ... im Gegensatz mit den Gesetzen der Mechanik und Elektrodynamik.

Einstein in ›Autobiographisches‹

Jahre zuvor diesen eher zufällig gefunden und dann auch nur zögerlich beschritten hatte, setzte ihn Einstein als Erster mutig fort.

Im ausgehenden 19. Jahrhundert hatte sich Max Planck mit der Frage beschäftigt, welches Naturgesetz hinter den Strahlungseigenschaften von Körpern und Gasen steckt. Offensichtlich hing die Energieverteilung der Wärmestrahlung nur von der Temperatur des strahlenden Körpers ab, nicht aber von dessen Materialeigenschaften. Planck entwickelte die später nach ihm benannte Strahlungsformel, welche die Energieverteilung in Abhängigkeit von der Temperatur über den gesamten Wellenlängenbereich beschrieb. Um sie mit den damaligen Messergebnissen in Einklang bringen zu können, musste er eine Konstante einführen, das Plancksche Wirkungsquantum h. Sein Ergebnis präsentierte er am 14. Dezember 1900 in Berlin vor der Deutschen Physikalischen Gesellschaft. Dieses Datum gilt heute als Geburtstag der Quantentheorie. Allerdings war Planck selbst die Konsequenz seiner Entdeckung gar nicht bewusst. Sie beinhaltete nämlich die überraschende Tatsache, dass Materie Strahlung stets nur in einzelnen »Paketen« oder Quanten aufnehmen kann und nicht kontinuierlich, wie man bis dahin meinte.

Planck hat die Einführung später als reinen Akt der Verzweiflung bezeichnet, um das richtige Resultat zu erhalten. Aber es passte einfach nicht in den Rahmen der damaligen Physik, dass die Natur Sprünge macht. Auch Planck selbst glaubte zunächst nicht daran: »Die Natur der Energieelemente blieb ungeklärt.

12   Titelseite von Einsteins Arbeit zur Quantenhypothese des Lichts

Durch mehrere Jahre hindurch machte ich immer wieder Versuche, das Wirkungsquantum irgendwie in das System der klassischen Physik einzubauen. Aber es ist mir das nicht gelungen. Vielmehr blieb die Ausgestaltung der Quantenphysik bekanntlich jüngeren Kräften vorbehalten.« Die erste jüngere Kraft war Einstein. »Deswegen hat er sich mehr noch als Planck den Namen als Entdecker des neuen Kontinents verdient«, urteilt der Historiker Armin Hermann.

Einstein weist in dieser Arbeit auf einen fundamentalen Widerspruch in der damaligen Physik hin, der ihm nach eigener Aussage bereits kurz nach Plancks Arbeit aufgefallen sei. Der Widerspruch besteht darin, dass Licht als elektromagnetische Welle beschrieben wird, die sich in alle Richtungen gleichmäßig mit Lichtgeschwindigkeit ausdehnt. Gleichzeitig besteht die Materie aber aus räumlich lokalisierten Atomen, die Licht aufnehmen können. Wie aber kann ein Atom eine beliebig weit ausgedehnte Welle aufnehmen? Für Einstein bedeutete dies einen Widerspruch zu den auf der Erfahrung beruhenden Vorstellungen von der »Lichterzeugung und Lichtverwandlung«. Demnach sei anzunehmen, dass die Energie eines Lichtstrahls sich »nicht kontinuierlich auf größer und größer werdende Räume verteilt, sondern ... aus einer endlichen Zahl von in Raumpunkten lokalisierten Energiequanten [besteht], welche sich bewegen, ohne sich zu teilen und nur als Ganzes absorbiert und erzeugt werden können.« Strahlung mit der Frequenz v besteht aus Quanten mit der Energie hv.

Wie schon in der Arbeit über die Brownsche Bewegung, so gab Einstein auch hier Experimente an, mit denen sich seine Hypothese überprüfen ließe. Das erste Beispiel betrifft den

---

Galileo Galilei (15. 2. 1564 – 8. 1. 1642) gilt als einer der Begründer der neuen Naturwissenschaft. Er wurde vor allem wegen seiner astronomischen Erkenntnisse berühmt. Er beobachtete als Erster den Himmel mit einem Fernrohr und entdeckte unter anderem vier Jupiter-Monde und die Phasen der Venus. Sein Eintreten für das kopernikanische Weltsystem und der sich daraus ergebende Streit mit der katholischen Kirche ließen ihn zur Legende werden. Galilei begründete aber auch die moderne Physik, indem er das syste-

photoelektrischen Effekt, bei dem man aus einer Metalloberfläche Elektronen herauslösen kann, wenn man sie mit UV-Licht bestrahlt. Einstein sah bereits Übereinstimmungen mit Experimenten, die Philipp Lenard an der Universität Kiel ausgeführt hatte. Dennoch wollte niemand an die Lichtquanten glauben, gab es doch zahlreiche Phänomene, wie die Interferenz, die eindeutig für den Wellencharakter des Lichts sprachen. Erst 1916 gelangen Andrew Millikan in Chicago Messungen, die Einsteins Voraussagen eindeutig bestätigten. Einstein hatte mit seiner Lichtquanten-Hypothese den Welle-Teilchen-Dualismus aufgedeckt, der seine Erklärung erst in der Quantentheorie von Bohr, Heisenberg und anderen fand.

Die folgenreichste Veröffentlichung ›Zur Elektrodynamik bewegter Körper‹, die spätere Spezielle Relativitätstheorie, reichte Einstein am 30. Juni bei den ›Annalen der Physik‹ ein, wo sie in Band 17 erschien. Heute werden die ersten Freiexemplare, die Einstein nach der Veröffentlichung erhielt und an Freunde und Kollegen verschickte, hoch gehandelt. Band 17 der Annalen wird in den Bibliotheken wegen Diebstahlgefahr verschlossen aufbewahrt.

Einstein schätzte später den Zeitraum »zwischen der Konzeption der Idee der Speziellen Relativitätstheorie und der Beendigung der betreffenden Publikation« auf fünf bis sechs Wochen. Die Grundprobleme waren ihm jedoch bereits seit seiner Jugend durch den Kopf gegangen. Auch hier bildete ein Widerspruch im damaligen System physikalischer Grundgesetze den Ausgangspunkt für Einsteins Überlegungen.

Auf der einen Seite stand die Mechanik mit ihren Bewegungsgesetzen, die Galilei und Newton entwickelt hatten.

---

matische Experiment und die induktive Methode in die Forschung einführte. Er entdeckte die Relativität der Bewegung, wonach in allen gleichförmig bewegten, also mit konstanter Geschwindigkeit fahrenden Objekten alle Naturvorgänge gleich ablaufen. Daher ist es in dieser Hinsicht nicht unterscheidbar, ob ein Körper ruht oder sich gleichförmig bewegt.

Auf der anderen Seite stand die Theorie des Elektromagnetismus, die der Schotte James Clerk Maxwell knapp 200 Jahre später aufgestellt hatte.

Nach der Newtonschen Mechanik sind Geschwindigkeiten relativ, lassen sich aber eindeutig messen, sofern man einen Bezugspunkt angibt. Ein LKW beispielsweise möge sich relativ zu einem Messradar am Straßenrand mit 90 km/h bewegen. Kommt ihm auf der Gegenspur ein PKW mit 150 km/h entgegen, so würden beide Fahrer für das jeweils andere Fahrzeug eine Geschwindigkeit von 240 km/h messen. Überholt aber ein PKW mit 100 km/h den LKW, so bewegt er sich relativ zum LKW mit nur 10 km/h. Aus physikalischer Sicht sind alle Bezugssysteme gleichberechtigt. Begibt man sich von einem System in das andere, so müssen die Geschwindigkeiten addiert oder subtrahiert werden. Das nennt man eine Galilei-Transformation.

Bei dieser Betrachtungsweise stellt sich die Frage: Wie kann man feststellen, ob ein Körper ruht oder sich in gleichförmiger Bewegung befindet? Newton definierte hierfür den absoluten Raum. Der bleibt »vermöge seiner Natur und ohne Beziehung auf einen äußeren Gegenstand stets gleich und unbeweglich.« Damit hatte er eine Art imaginäres Koordinatensystem geschaffen, anhand dessen sich absolute Ruhe und absolute Bewegung fest-

13 **Sir Isaac Newton** (4.1.1643–31.3.1727) gilt als der Begründer der klassischen Physik. Er lieferte grundlegende Beiträge zu einer Fülle physikalischer Gebiete, insbesondere zur Mechanik, Gravitation, Optik und Strömungslehre, und er entwickelte zeitgleich mit Gottfried Wilhelm Leibniz die Infinitesimalrechnung. Newton schuf ein in sich geschlossenes System der Mechanik, das einen absoluten Raum und eine absolute Zeit als Bezugsrahmen benötigte. In der Speziellen Relativitätstheorie gibt es Zeit und Raum als absolute Größen nicht

machen ließen. Um entscheiden zu können, ob eine Bewegung mit konstanter Geschwindigkeit erfolgt, bedurfte es noch eines Zeitmaßes, denn Geschwindigkeit ist definiert als zurückgelegte Entfernung pro Zeitintervall. Hierzu legte Newton fest: »Die absolute, wahre und mathematische Zeit verfließt an sich und vermöge ihrer Natur gleichförmig, und ohne Beziehung auf irgendeinen äußeren Gegenstand.«

Entscheidend war, dass die Naturgesetze in allen gleichförmig bewegten Systemen, so genannten Inertialsystemen, unverändert bleiben: Ein Apfel beispielsweise fällt immer senkrecht in Richtung zum Mittelpunkt der Erde, egal, ob man ihn am Straßenrand fallen lässt oder im Laderaum eines mit konstanter Geschwindigkeit fahrenden LKWs.

Auf der anderen Seite stand die Beschreibung aller elektrischen und magnetischen Vorgänge, die der schottische Physiker James Clerk Maxwell um 1860 in einer geschlossenen, mathematischen Theorie dargestellt hatte. Hintergrund war die Erkenntnis, dass elektrische und magnetische Felder dieselbe Ursache haben, nämlich elektrisch geladene Teilchen oder Körper. Befindet man sich relativ zu einer Ladung in Ruhe, so registriert man nur ein elektrisches Feld. Bewegt man sich relativ zu ihr, so ist ein zusätzliches Magnetfeld vorhanden. Es ist also lediglich eine Frage des Bezugssystems, ob das Magnetfeld existiert oder nicht.

Maxwell fand heraus, dass eine bewegte elektrische Ladung elektromagnetische Wellen, wie Licht oder Radiowellen, abstrahlt, die sich kugelschalenförmig ausbreiten. Damals glaubte man, es müsse eine Substanz existieren, in der sich die elektromagnetischen Wellen bewegen können. Ähnlich wie sich Wellen in Luft oder Wasser ausbreiten, sollte der

---

mehr. Im Jahre 1666 stellte Newton das Gravitationsgesetz auf. Darin ist die Schwerkraft eine instantan, also ohne Zeitverzögerung, über die Distanz wirkende Kraft. In der Allgemeinen Relativitätstheorie ist die Gravitation ein Feld, ausgedrückt in der Krümmung von Raum und Zeit.

Äther das Medium der Licht- und Radiowellen sein. Berühmt wurde das Zitat von Heinrich Hertz: »Nehmt aus der Welt den lichttragenden Äther, und die elektrischen und magnetischen Kräfte können nicht mehr den Raum überschreiten.« Dieser ominöse Stoff ließ sich jedoch in keinem Experiment nachweisen. Außerdem mussten ihm die Physiker aufgrund verschiedener Versuche teilweise sich widersprechende Eigenschaften zuschreiben.

Vor allem aber widersprach Maxwells Theorie dem Newtonschen Grundsatz, wonach alle Vorgänge gleich ablaufen, unabhängig davon, ob ein System ruht oder sich gleichförmig bewegt. Die Maxwellschen Gleichungen nahmen nämlich in ruhenden beziehungsweise bewegten Systemen unterschiedliche Gestalt an. Genau genommen galten die Maxwell-Gleichungen in ihrer ursprünglichen Form nur in Systemen, die bezüglich des Äthers ruhen. Damit waren diese Systeme vor allen anderen ausgezeichnet. Dies führte schließlich zu der Behauptung, der Äther wiederum ruhe in Newtons absolutem Raum: Äther und absoluter Raum waren praktisch identisch.

Einstein war dieser Widerspruch zwischen Maxwells und Newtons Grundaxiomen bereits mit sechzehn Jahren aufgefallen. Später erinnert er sich: »Wenn ich einem Lichtstrahl nacheile mit Geschwindigkeit c (Lichtgeschwindigkeit im Vacuum), so sollte ich einen solchen Lichtstrahl als ruhendes, räumlich oszillierendes elektromagnetisches Feld wahrnehmen. So was kann es aber nicht geben, weder aufgrund der Erfahrung noch gemäss den Maxwellschen Gleichungen. Intuitiv klar schien es mir von vornherein, dass von einem solchen Beobachter aus beurteilt alles sich nach denselben

---

Beim **Michelson-Morley-Versuch** wird ein Lichtstrahl durch einen Spiegel in zwei senkrecht zueinander verlaufende Teilstrahlen 1 und 2 aufgespalten. Da sich die Strahlen in unterschiedlichen Richtungen relativ zum Äther bewegen, hätte man Laufzeitunterschiede messen müssen. Dies war jedoch nicht der Fall. Einstein erklärte dies damit, dass die Lichtgeschwindigkeit in allen Bezugssystemen gleich groß ist

14 Michelson-Morley-Versuch

Gesetzen abspielen müsse wie für einen relativ zur Erde ruhenden Beobachter. Denn wie sollte der erste Beobachter wissen bzw. konstatieren können, dass er sich im Zustand rascher gleichförmiger Bewegung befindet? Man sieht, dass in diesem Paradoxon der Keim zur speziellen Relativitätstheorie schon enthalten ist.«

Zudem gab es mit dem Äther erhebliche Probleme. So gelang es Albert A. Michelson mit einem Interferometer, die Lichtgeschwindigkeit in verschiedenen Bewegungsrichtungen relativ zum prognostizierten Äther zu messen. Sein Bezugssystem war das Laboratorium, das sich mit der Erde um die Sonne und somit auch durch den Äther bewegen müsste. Ein erster Versuch im Jahre 1881, den Michelson bei einem Studienaufenthalt in Potsdam durchführte, erbrachte keinerlei Unterschied der Lichtgeschwindigkeit. In einem zweiten, verbesserten Experiment kam er sechs Jahre später in den USA mit seinem Kollegen Edward W. Morley zum selben Ergebnis: Das Licht wies stets dieselbe Geschwindigkeit auf, egal wie man sich relativ zum Äther, und damit auch zum Licht, bewegte. Das widersprach der Newtonschen Mechanik.

Einige Physiker, insbesondere Hendrik Anton Lorentz, George Fitzgerald und Henri Poincaré, meinten, das Michelson-Morley-Experiment damit erklären zu können, dass

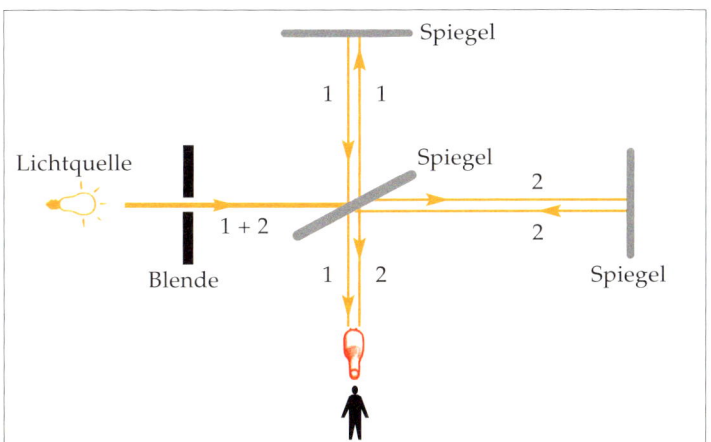

sich die Messapparatur in Bewegungsrichtung verkürze. Lorentz konnte sogar eine Formel für den Schrumpfungsgrad angeben. Er war aber damit zu der Hypothese gezwungen, dass die beiden Lichtstrahlen verschiedene Zeitspannen benötigen. Je nach Bewegungsrichtung zum Äther ordnete er den Strahlen eine »lokale Zeit« zu.

Schon 1899 war Einstein die Brüchigkeit des Theoriengebäudes aufgefallen. Aus Zürich hatte er Mileva geschrieben: »Es wird mir immer mehr zur Überzeugung, dass die Elektrodynamik bewegter Körper, wie sie sich gegenwärtig darstellt, nicht der Wirklichkeit entspricht, sondern sich einfacher wird darstellen lassen. Ich glaube, dass elektrische Kräfte nur für den leeren Raum direkt definierbar seien.« Zwei Jahre später aus Schaffhausen: »Ich arbeite eifrigst an einer Elektrodynamik bewegter Körper, welches eine kapitale Abhandlung zu werden verspricht. Ich habe Dir geschrieben, dass ich an der Richtigkeit der Ideen über die Relativbewegung zweifle. Meine Bedenken beruhten jedoch lediglich auf einem simplen Rechenfehler. Ich glaube jetzt mehr denn je daran.«

Vier Jahre danach saß er wieder an dem Problem. An einem schönen Tag Mitte Mai 1905 besuchte Einstein Michele Besso in dessen Wohnung. Die beiden debattierten lange über das Problem, als Einstein plötzlich aufsprang und eiligst nach Hause lief. »Am nächsten Tag ging ich erneut zu ihm«, erinnerte sich Einstein später »und sagte ihm, ohne Hallo: ›Danke. Ich habe das Problem vollständig gelöst.‹« Gelungen war ihm das mit drei Hypothesen:

1. Alle physikalischen Gesetze bleiben in allen gleichförmig bewegten Systemen unverändert: »Prinzip der Relativität«.

---

15 Gedankenexperiment zur **Gleichzeitigkeit von Ereignissen**: Zwei Blitze schlagen an den beiden Enden eines Zuges ein. Während eine Person am Bahndamm die Einschläge gleichzeitig wahrnimmt, meint der Schaffner im Zug, im rechten Waggon hätte der Blitz früher eingeschlagen. Beide haben Recht.

2. Die Lichtgeschwindigkeit ist in allen Bezugssystemen unabhängig von der Relativbewegung zum Lichtstrahl gleich groß.

»Diese beiden Voraussetzungen genügen, um zu einer einfachen und widerspruchsfreien Elektrodynamik bewegter Körper zu gelangen unter Zugrundelegung der Maxwellschen Theorie für ruhende Körper«, schreibt er in der Veröffentlichung. Die dritte Hypothese lautete: Es gibt keinen Äther.

Punkt zwei widerspricht der Galilei-Transformation, wonach sich Geschwindigkeiten einfach addieren. Er hat außerordentliche Auswirkungen auf das Verständnis von Zeit und Raum. Insbesondere musste der Begriff der Gleichzeitigkeit völlig neu überdacht werden.

Im Rahmen der Newtonschen Physik mit ihrer absoluten Zeit war Gleichzeitigkeit leicht realisierbar. Man konnte sich überall im Universum Uhren denken, die synchron liefen. Damit war eindeutig entschieden, wann zwei Ereignisse gleichzeitig sind oder welches Ereignis vor dem anderen stattgefunden hat. Eine solche universelle Synchronisierung wäre aber nur dann möglich, wenn es ein Zeitsignal gäbe, das sich ohne Verzögerung im gesamten Universum ausbreitet und jede Uhr gleichzeitig (im newtonschen Sinne) erreicht. Wie Einstein ebenfalls in der Arbeit herausfand, kann sich aber

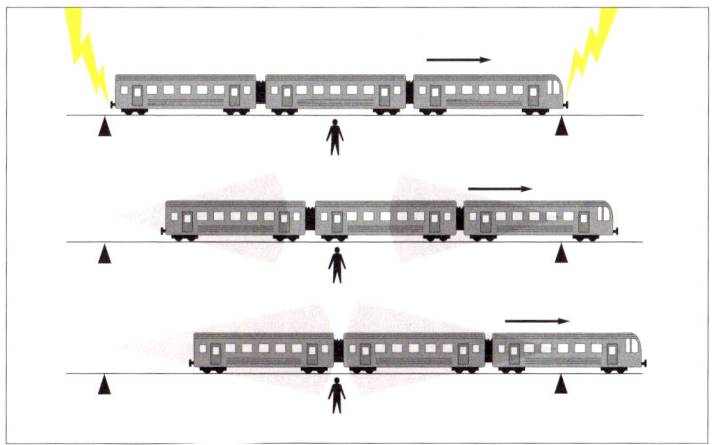

kein Signal schneller als das Licht fortpflanzen. Der Lichtgeschwindigkeit kommt somit in der Natur eine ganz besondere Rolle zu. Sie stellt etwas Absolutes dar. Es erscheint daher ganz natürlich, dass sich Einstein 300 000 km/s schnelle Lichtsignale zur Uhrensynchronisation dachte.

Bei der Uhrensynchronisation muss man die Lichtlaufzeiten berücksichtigen. Dann lässt sich Gleichzeitigkeit wie folgt definieren: Zwei Ereignisse sind dann gleichzeitig, wenn von ihnen ausgesandte Lichtsignale gleichzeitig bei einem in der Mitte zwischen den Ereignissen befindlichen Beobachter eintreffen. Oder: Zwei Uhren lassen sich mit zwei Lichtsignalen synchronisieren, die man gleichzeitig von einem Punkt in der Mitte zwischen ihnen aussendet.

Dieses Verfahren funktioniert bei Uhren, die sich relativ zueinander in Ruhe befinden. Problematisch wird es aber bei zueinander bewegten Uhren, wie das Beispiel eines fahrenden Zuges demonstriert.

Die **Zeitdilatation** lässt sich mithilfe des Gedankenexperiments mit der Lichtuhr (s. S. 51) leicht herleiten. Dazu ersetzt man die beiden Raumschiffe durch abstrakte Koordinatensysteme und achtet sorgfältig darauf, von welchem der beiden Systeme aus man den Vorgang beschreibt. Hierfür erhalten die von Newton gemessenen physikalischen Größen im Folgenden ein Häkchen. Newton stellt fest, dass der Lichtstrahl seiner Uhr zwischen den Spiegeln in der Zeit t' die Strecke $y' = c' \cdot t'$ überbrückt (Abbildung a). Von Einstein aus gesehen (Abbildung b) bewegt sich Newtons System in x-Richtung mit der Geschwindigkeit $v = x/t$, das heißt ein Punkt auf der x-Achse schreitet mit $x = v \cdot t$ fort. Der schräg verlaufende Lichtstrahl überbrückt von Einstein aus gesehen die Strecke $c \cdot t$. Ein Vergleich der beiden Ergebnisse (Abbildung c) ergibt, dass die Bewegungen der beiden Systeme und des Lichtstrahls ein Dreieck bilden, in dem sich der Satz des Pythagoras anwenden lässt:
$(c \cdot t)^2 = (c' \cdot t')^2 + (v \cdot t)^2$.
Da die Lichtgeschwindigkeit bezüglich aller Systeme konstant ist, gilt $c' = c$. Setzt man dies in die Gleichung ein und formt sie etwas um, erhält man das Ergebnis: $t\sqrt{1-(v/c)^2} = t'$. Von Einstein aus gesehen verlangsamt sich also der Zeitablauf in Newtons System um den Faktor $\sqrt{1-(v/c)^2}$.

DIE ZEITDILATATION

Ein Beobachter stehe in der Nähe eines Bahndammes, an dem ein Zug vorbeifährt. In dem Moment, in dem er vom vorderen und hinteren Zugende gleich weit entfernt ist, schlägt dort jeweils ein Blitz ein. Der Beobachter sieht beide Blitze zur selben Zeit, das heißt das Licht hat gleich lange Zeit bis zu ihm benötigt. Genau in der Mitte des Zuges befinde sich der Schaffner, dem es möglich ist, die Blitze zu sehen. Nun fährt der Schaffner mitsamt dem Zug nach vorne weiter. Er bewegt sich also dem Lichtstrahl jenes Blitzes entgegen, der in die Lokomotive eingeschlagen hat, und entfernt sich von dem hinteren Zugende, wo der andere Blitz niedergegangen ist. Das Licht des vorderen Blitzes wird den Schaffner daher eher erreichen als das vom Zugende. Da die Lichtgeschwindigkeit aber unabhängig vom Bezugssystem ist, sind die beiden Blitze aus der Sicht des Schaffners nacheinander eingeschlagen.

Sowohl der Beobachter am Bahndamm als auch der Schaffner haben Recht. Es gibt keinen Grund, einen Standort dem anderen vorzuziehen. Beide Personen befinden sich im physikalischen Sinne in einem Inertialsystem und sind somit völlig gleichberechtigt. Der Schaffner könnte sogar behaupten, er befände sich in Ruhe und die Person am Bahndamm hätte sich relativ zu ihm bewegt. Die Relativitätstheorie macht in den beiden Standpunkten keinen Unterschied.

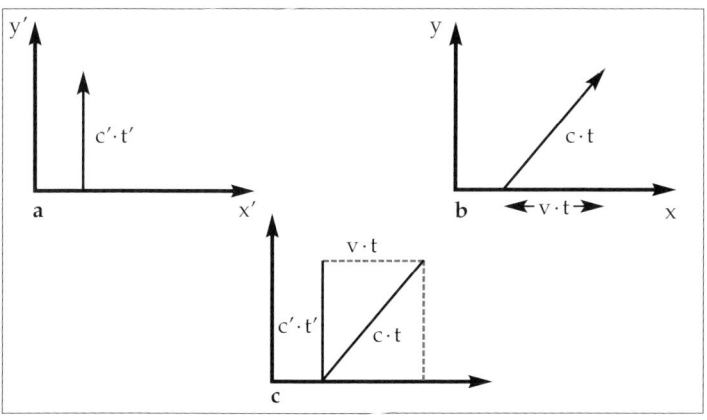

Man kann das Beispiel noch weiter treiben, indem man einen dritten Beobachter einführt, der auf einer parallel zur Bahn verlaufenden Straße dem Zug mit hoher Geschwindigkeit in einem Auto entgegenfährt. Er befindet sich in dem Moment in der Mitte des Zuges, wenn der Beobachter am Bahndamm die beiden Blitze registriert. Dann wird der Fahrer feststellen, dass erst der letzte Wagen, auf den er zufährt, vom Blitz getroffen wurde und danach die Lokomotive. Auch der Autofahrer hat Recht, denn auch er befindet sich in einem Inertialsystem.

Wer an der Vorstellung einer »ruhenden« Erde und einem »bewegten« Zug hängt, kann das Paradoxon auch in den Weltraum verlegen, wo sich zwei Raumschiffe aneinander vorbeibewegen. Hier sieht man vielleicht leichter ein, dass sich beide Astronauten auf den Standpunkt stellen können, sie seien in Ruhe und der jeweils andere bewege sich.

Diese Beispiele zeigen, dass der Begriff der Gleichzeitigkeit relativ ist und die zeitliche Reihenfolge von Ereignissen vom Bewegungszustand des jeweiligen Beobachters abhängen kann. Die Begriffe Vergangenheit, Gegenwart und Zukunft wurden in der Speziellen Relativitätstheorie neu definiert. Einstein selbst bezeichnete sie später als »hartnäckige Illusionen«. Allerdings kann nie das Kausalitätsprinzip verletzt werden, wonach stets die Ursache der Wirkung vorausgeht. Der Grund hierfür ist, dass sich jede nur denkbare Ursache mit maximal Lichtgeschwindigkeit ausbreiten und an einem anderen Ort wirken kann. Um Zukunft und Gegenwart umzukehren, müsste sich ein Beobachter mit Überlicht-

---

Es ist ... nach meiner Überzeugung einer der verderblichsten Taten der Philosophen, dass sie gewisse begriffliche Grundlagen der Naturwissenschaft aus dem der Kontrolle zugänglichen Gebiete des Empirisch-Zweckmäßigen in die unangreifbare Höhe des Denknotwendigen (Apriorischen) versetzen. ... Dies gilt im besonderen auch von unseren Begriffen über Zeit und Raum, welche die Physiker – von Tatsachen gezwungen – aus dem Olymp des Apriori herunterholen mussten, um sie [zu] reparieren und wieder in einen brauchbaren Zustand setzen zu können.
Einstein in den ›Princeton Lectures‹ von 1921

geschwindigkeit bewegen. Das ist aber nicht möglich, wie sich aus den Gleichungen in Einsteins Arbeit ablesen ließ.

Die Konstanz der Lichtgeschwindigkeit hatte vor allem zur Folge, dass die Zeit nicht »gleichförmig und ohne Beziehung auf irgendeinen äußeren Gegenstand« verfließt, wie es Newton postuliert hatte. Vielmehr zeigt ein Gedankenexperiment, dass der Lauf der Zeit von der Bewegung eines Systems abhängt, jedes System also seine »Eigenzeit« besitzt.

Hierzu stelle man sich zwei Raumschiffe vor. Im einen befinde sich Einstein, im anderen Newton, der eine spezielle Uhr besitzt. Diese besteht aus zwei parallel zueinander ausgerichteten Spiegeln, zwischen denen ein Lichtblitz hin und her reflektiert wird. Dieses Lichtsignal dient als gleichmäßiger Taktgeber für eine Uhrenanzeige. Die beiden Spiegel seien einen Meter voneinander entfernt angebracht. Dann stellt Newton fest, dass der etwa 300 000 km/s schnelle Lichtblitz jeweils 300 Millionen Mal an den Spiegeln reflektiert wird, bis der Uhrenzeiger um je eine Sekunde weiterspringt.

Newton bewegt sich nun relativ zu Einstein, wobei der Lichtweg der Uhr senkrecht zur Flugrichtung ist. Newton sieht nach wie vor denselben Lichtweg. Einstein aber stellt fest, dass der Lichtstrahl von ihm aus gesehen nicht senkrecht zur Bewegungsrichtung, sondern schräg dazu verläuft, weil sich die gesamte Lichtuhr an ihm vorbei bewegt. Der Laufweg des Lichtstrahls ist demnach aus Einsteins Sicht länger als aus Newtons Sicht. Da aber die Lichtgeschwindig-

Umrechnungsfaktor für die Zeitdilatation bei verschiedenen Relativgeschwindigkeiten (c = Lichtgeschwindigkeit).

Objekt	v (km/s)	$\sqrt{1 - (v/c)^2}$	Zeitdehnungsfaktor
Auto	0,03	≈ 1	≈ 1
Flugzeug	0,5	0,999 999 999 998 6	1,000 000 000 001
Raumsonde	40	0,999 999 991	1,000 000 01
10 % von c	30 000	0,995	1,005
50 % von c	150 000	0,866	1,155
90 % von c	270 000	0,436	2,294
95 % von c	285 000	0,312	3,205
99 % von c	297 000	0,141	7,092
99,9 % von c	299 700	0,045	22,222

keit stets 300 000 km/s beträgt, muss Einstein folgern, dass Newtons Uhr langsamer geht als seine eigene. Denn von Einstein aus gesehen muss der Lichtstrahl bei derselben Geschwindigkeit eine längere Strecke zwischen den beiden Spiegeln zurücklegen: Bei Newton vergeht die Zeit langsamer als bei Einstein. Diese »Zeitdilatation« ist keine Eigenschaft von Uhren, sondern der Zeit an sich.

Im Alltagsleben spielt die Zeitdilatation keine Rolle, weil sie erst bei Geschwindigkeiten in der Nähe der Lichtgeschwindigkeit merklich wird. Der Zeitdehnungsfaktor lautet $\sqrt{1-(v/c)^2}$, wobei v die Geschwindigkeit des jeweiligen Systems und c die Lichtgeschwindigkeit bedeuten. Bei sehr schnell fliegenden Teilchen im Kosmos oder in Teilchenbeschleunigern lässt sich der Effekt zweifelsfrei nachweisen: Die mittlere Lebensdauer von instabilen Teilchen verlängert sich um diesen Faktor.

Auch Entfernungen sind relativ. Genauer: In Bewegungsrichtung verkürzen sich alle Körper um den Faktor $\sqrt{1-(v/c)^2}$. Diese Längenkontraktion ist neben der Zeitdilatation das wohl bekannteste Phänomen der Speziellen Relativitätstheorie. Sie besagt allgemein, dass sich in einem bewegten Bezugssystem die Maßstäbe in Bewegungsrichtung verkürzen. Der Begriff Maßstab meint hier nicht nur speziell ein Metermaß, sondern ganz allgemein Distanzen im Raum.

Der bei der Zeitdilatation und der Längenkontraktion auftretende Faktor $\sqrt{1-(v/c)^2}$ entspricht genau dem von Lorentz hergeleiteten, weswegen er noch heute Lorentz-Faktor genannt wird. Es flammten später immer wieder Diskussionen über die Frage auf, ob nicht Lorentz, Fitzgerald und Poincaré bereits die Relativitätstheorie gefunden hätten. Diese waren

Am 27. März 1901 schrieb Einstein an **Mileva**: »Wie glücklich und stolz werde ich sein, wenn wir beide zusammen unsere Arbeit über die Relativbewegung siegreich zu Ende geführt haben.« Aus dieser Formulierung glaubten einige ableiten zu können, Mileva habe einen er-

jedoch in der Vorstellung von der Existenz des Äthers und des absoluten Raumes verhaftet geblieben und hatten sich bei ihren Lösungsansätzen ausschließlich auf die elektromagnetischen und optischen Vorgänge beschränkt. Lorentz selbst klärte diese Frage abschließend 1928 (s. Zitat Seite 54 unten).

Am Ende seiner Arbeit untersuchte Einstein auch, wie sich die Bewegungsenergie eines Teilchens bei unterschiedlichen Geschwindigkeiten verhält. Auch hier war er auf eine von der Newtonschen Physik abweichende Formel gelangt. Allerdings hatte er den Gedanken nicht bis zum Ende weitergeführt. Gleich nach der Abgabe des Manuskripts beschäftigte ihn die Frage nach dem »Energieinhalt« eines Körpers aber weiter. Am 27. September 1905 reichte er bei den ›Annalen‹ eine nur drei Seiten umfassende Arbeit mit dem Titel ›Ist die Trägheit eines Körpers von seinem Energieinhalt abhängig?‹ ein. Sie hatte die wohl berühmteste Formel der Weltgeschichte zum Ergebnis: $E = mc^2$.

Einstein war auf diese Beziehung durch ein Gedankenexperiment gekommen, bei dem er ein Ereignis aus zwei unterschiedlichen Bezugssystemen betrachtete. Er dachte sich einen Körper, der zwei Lichtwellen in entgegengesetzte Richtungen aussendet. Dann berechnete er die Energie, die dieser Körper in zwei unterschiedlichen Systemen besitzt. Das eine System befindet sich relativ zu dem Körper in Ruhe, das andere bewegt sich relativ zu ihm mit konstanter Geschwindigkeit. Einstein nutzte für die weitere Rechnung die Transformationsgleichungen aus seiner ersten Arbeit, wobei die Konstanz der Lichtgeschwindigkeit erneut die zentrale Rolle spielte. Das Ergebnis ist: »Gibt ein Körper die Energie L in Form von Strahlung ab, so verkleinert sich seine Masse

---

heblichen Anteil an der Speziellen Relativitätstheorie gehabt, den Einstein später unterdrückt habe. Durch intensives Quellenmaterial konnten Historiker diese Behauptung widerlegen. Mileva selbst hat dies nie behauptet und zudem verwendete Einstein auch in anderen Briefen häufiger die Formulierungen »wir« oder »unser«, insbesondere in Zeiten, in denen er seine Frau psychologisch aufrichten wollte. Mileva hat Einstein aber vermutlich unterstützt, indem sie Daten nachschlug oder Berechnungen überprüfte.

> **Die Formel E = mc²**
> Hinter der kleinen Formel E = mc² verbirgt sich die fundamentale Erkenntnis der Äquivalenz von Masse und Energie. Sie ist verantwortlich für die Energiefreisetzung bei der Kernspaltung. Bei der Explosion einer Atombombe werden in einer Kettenreaktion Atomkerne gespalten. Hierbei wird knapp ein Promille der Kernmaterie in Energie umgesetzt. Bei der Explosion von Hiroshima wurde etwa ein Kilogramm Plutonium gespalten. Die Sprengkraft entsprach 12500 Tonnen TNT. In Kernkraftwerken liefert die kontrollierte Spaltung Energie.
> Ebenfalls nach dem Prinzip Materie-Energie-Umwandlung funktioniert die Kernfusion. Sie basiert auf dem Verschmelzen leichter Atomkerne. Alle Sterne, einschließlich unserer Sonne, erzeugen auf diese Weise ihre Energie. In mehreren Schritten verschmelzen insgesamt vier Wasserstoffkerne (Protonen) zu einem Heliumkern. Ein Heliumkern ist jedoch leichter als die Summe der vier Protonen. Die Massendifferenz wird bei jedem Reaktionsschritt in Form von Strahlungsenergie abgegeben. In jeder Sekunde verwandelt der Sonnenfusionsreaktor auf diese

um L/V^2. Hierbei ist es offenbar unwesentlich, dass die dem Körper entzogene Energie gerade in Energie der Strahlung übergeht, so daß wir zu der allgemeineren Folgerung geführt werden: Die Masse eines Körpers ist ein Maß für dessen Energieinhalt.« Einstein verwendete die Buchstaben L für die Energie und V für die Lichtgeschwindigkeit, erst später bürgerten sich die Bezeichnungen E und c ein.

Einstein hatte die Hoffnung, man könne irgendwann einmal die Umwandlung von Masse in Energie beim radioaktiven Zerfall von Radium messen. »Die Überlegung ist lustig und bestechend; aber ob der Herrgott nicht darüber lacht

> Daher führte ich das Konzept der lokalen Zeit ein, die für relativ zueinander bewegte Bezugssysteme verschieden ist. Ich dachte aber nie, daß sie etwas mit der wirklichen Zeit zu tun hat. Die wirkliche Zeit war für

Weise über 500 Millionen Tonnen Wasserstoff in Helium. Etwa sieben Promille hiervon, entsprechend über vier Millionen Tonnen Materie, werden zu Energie. Diese Menge würde ausreichen, um eine Million Jahre lang den gesamten heutigen Energiebedarf der Menschheit zu decken. Technisch hat die Kernfusion ihre Anwendung im Bau von Wasserstoffbomben gefunden. Die kontrollierte Fusion in einem Energie liefernden Reaktor ist noch nicht möglich. Sie ist das Ziel einer weltweiten Kooperation.

Eine hundertprozentige Umwandlung von Materie in Energie geschieht beim Zerstrahlen von Materie- und Antimaterieteilchen. Dieser Vorgang ist also über hundertmal effizienter als die Kernfusion und tausendmal effektiver als die Kernspaltung. Die bei der Zerstrahlung von insgesamt 500 Kilogramm Antimaterie und Materie frei werdende Energie entspricht dem jährlichen weltweiten Strombedarf.

Umgekehrt ist es auch möglich, dass sich in einem intensiven Energiefeld spontan Paare von Teilchen und Antiteilchen bilden. In Teilchenbeschleunigern ist dies schon lange Routine. Im Jahre 1997 gelang es, Paare von Elektronen und Anti-Elektronen (Positronen) in einem Laserlichtfeld zu erzeugen.

und mich an der Nase herumgeführt hat, das kann ich nicht wissen«, schrieb er Conrad Habicht. Am Ende der Arbeit wies er auf eine denkbare experimentelle Bestätigung hin: »Es ist nicht ausgeschlossen, daß bei Körpern, deren Energieinhalt in hohem Maße veränderlich ist (z. B. bei den Radiumsalzen), eine Prüfung der Theorie gelingen wird.« An eine baldige Verifizierung dieser fundamentalen Erkenntnis glaubte er indes nicht. Tatsächlich gelang dies erst in den 1930er Jahren. Damals stellte man fest, dass die Bindungsenergie, welche die Protonen und Neutronen im Atomkern zusammenhält, zur übrigen Kernmasse beiträgt. Die wahre

mich noch immer durch das Konzept einer absoluten Zeit gegeben, die unabhängig von jedem Koordinatensystem ist. Es gab für mich nur diese eine wahre Zeit. Ich betrachtete die Zeittransformation nur als heuristische Arbeitshypothese. So ist die Relativitätstheorie wirklich allein Einsteins Werk.
Hendrik Anton Lorentz, 1928

Sprengkraft dieser Formel offenbarte sich 1945 im doppelten Sinn des Wortes, als Atombomben über Hiroshima und Nagasaki explodierten. Ihre enorme Zerstörungskraft beruht auf der Umwandlung von Materie in Energie.

Innerhalb kürzester Zeit hatte Einstein mehrere fundamentale Arbeiten veröffentlicht und fast nebenbei den lang ersehnten Doktortitel erhalten. Doch die Reaktion von den Kollegen blieb zunächst aus. An Einsteins unbekümmertem Wohlbefinden änderte dies jedoch nichts. Außerdem setzte sich sein Vorgesetzter Haller für seine Beförderung ein, da er ihn »zu den geschätztesten Experten des Amtes« zählte. Der Bundesrat folgte dem Antrag und beförderte Einstein im März 1906 zum technischen Experten II. Klasse. Damit verbunden war eine Gehaltserhöhung um 600 Schweizer Franken auf nunmehr 4500 Franken im Jahr. Dem folgte prompt ein Umzug in eine Wohnung in der Aegertenstraße 53, welche die junge Familie nun auch mit eigenen Möbeln einrichtete.

Ganz unbeachtet blieben seine Meisterwerke aber nicht. Max Planck sollte sich als Entdecker und Förderer des jungen Mannes am Berner Patentamt erweisen. Planck war bei den ›Annalen‹ für die Arbeiten aus der Theoretischen Physik zuständig und wurde somit unweigerlich auf Einsteins Werke aufmerksam. Er erkannte als Erster die »kopernikanische Tat« und sorgte für deren Verbreitung unter den Kollegen. Schon kurz nach dem Erscheinen der ›Elektrodynamik bewegter Körper‹ trug er im Physikalischen Kolloquium in Berlin darüber vor. Unter den Zuhörern befand sich auch sein Assistent Max von Laue, der sofort von Einsteins Hypo-

---

Der oft gehörte Satz: »Alles ist relativ« ist ebenso irreführend wie gedankenlos. So liegt auch der sog. Relativitätstheorie etwas Absolutes zugrunde, nämlich die Maßbestimmung des Raum-Zeitkontinuums.

Max Planck in seiner ›Wissenschaftlichen Selbstbiographie‹, 1948

these begeistert war. Nach und nach befassten sich auch andere Physiker mit dem »Relativitätsprinzip«, beispielsweise Arnold Sommerfeld in München oder Conrad Röntgen und Wilhelm Wien in Würzburg. Mit Letzterem hatte Einstein später einen regen Briefwechsel über die Frage, ob sich ein Signal mit Überlichtgeschwindigkeit ausbreiten könne.

Im September 1906 berichtete Planck auf der Tagung der Deutschen Gesellschaft der Naturforscher und Ärzte in Stuttgart erneut über Einsteins Arbeit. Hierbei verwandte er erstmals das Wort Relativ*theorie*, woraus sich dann bald der Begriff Relativitätstheorie entwickelte. Einstein selbst hielt noch einige Jahre an der etwas vorsichtigeren Formulierung des Relativitäts*prinzips* fest, übernahm aber schließlich selbst Plancks Formulierung.

Man diskutierte also zunehmend über die neue Physik. Doch weder erschien deren Schöpfer auf irgendwelchen Tagungen, noch verirrten sich die Kollegen in das Patentamt. Eine Ausnahme bildete Max Laue. Er reiste im Sommer 1907 nach Bern und fragte im Patentamt nach Herrn Dr. Einstein: »Im allgemeinen Empfangsraum sagte mir ein Beamter, ich solle wieder auf den Korridor gehen, Einstein würde mir dort entgegenkommen. Ich tat das auch, aber der junge Mann, der mir entgegenkam, machte mir einen so unerwarteten Eindruck, daß ich nicht glaubte, er könne der Vater der Relativitätstheorie sein. So ließ ich ihn an mir vorübergehen, und erst als er aus dem Empfangszimmer zurückkam, machten wir Bekanntschaft miteinander. ... Ich erinnere mich, daß der Stumpen, den er mir anbot, so wenig schmeckte, daß ich ihn ›versehentlich‹ von der Aarebrücke in die Aare hinunterfallen ließ. ... Immerhin habe ich bei jenem Ver-

---

Mir geht es gut; ich bin ehrwürdiger eidgenössischer Tintenscheisser mit ordentlichem Gehalt. Daneben reite ich auf meinem alten mathematisch-physikalischen Steckenpferd und fege auf der Geige.

Einstein an Alfred Schnauder, Anfang 1907

such einiges für das Verständnis der Relativitätstheorie davongetragen.«

Doch nicht überall erkannte man die Qualitäten des neuen Kopernikus. Im Juni 1907 fasste Einstein wieder eine Hochschulkarriere ins Auge und ersuchte um die Erlaubnis, »sich an der philosophischen Fakultät der Universität Bern als Privatdozent für *theoretische Physik* zu habilitieren«. Als Bewerbungsunterlagen fügte er Doktorurkunde und Dissertation sowie 17 veröffentlichte Arbeiten bei. Nach langer Diskussion lehnten die Fakultätsmitglieder den Antrag ab und verwiesen darauf, dass der Antragsteller unbedingt eine Habilitationsschrift anzufertigen habe.

Während dieser Zeit ergab sich für Einstein aber eine andere Gelegenheit, seine Relativitätstheorie stärker zu verbreiten. Johannes Stark, Professor in Greifswald, bat Einstein Ende September 1907, für das von ihm gegründete ›Jahrbuch der Radioaktivität und Elektronik‹ einen Bericht über das Relativitätsprinzip zu verfassen. Einstein sagte zu und fertigte innerhalb von etwa zwei Monaten eine Einführung in die Relativitätstheorie an. Auf 50 Seiten legte er die Theorie klar strukturiert dar. Einstein fügte hinzu, dass die Überlegungen nur unter der Voraussetzung gelten, dass das Bezugssystem nicht beschleunigt ist. Diese Einschränkung muss ihn jedoch zunehmend gestört haben, und so stellte er zu Beginn des letzten Kapitels »Relativitätsprinzip und Gravitation« die Frage: »Ist es denkbar, dass das Prinzip der Relativität auch für Systeme gilt, welche relativ zueinander beschleunigt sind?« Darin umriss er skizzenhaft, was ihn die nächsten acht Jahre beschäftigen und in der Allgemeinen Relativitätstheorie seinen krönenden Abschluss finden sollte.

Ich muss Ihnen offen sagen, dass ich mit Staunen gelesen habe, dass Sie 8 Stunden im Tage in einem Bureau sitzen müssen. Es gibt oft einen Treppenwitz in der Geschichte.
Jakob Laub an Einstein, Anfang 1908

Großen Anteil an der Verbreitung der Relativitätstheorie hatte in dieser Zeit auch der Mathematiker Hermann Minkowski. Bei ihm hatte Einstein am Züricher Polytechnikum Mathematikvorlesungen gehört – oder besser hören sollen. Minkowski hatte mittlerweile einen Lehrstuhl an der Universität Göttingen inne und war dort auf Einsteins Arbeit aufmerksam geworden. Rasch begriff er die Tragweite seiner Ideen und verfasste selbst einige Arbeiten auf diesem Gebiet. Insbesondere entwickelte er eine elegante Schreibweise der Einsteinschen Gleichungen, indem er den drei Raumkoordinaten die Zeit als vierte Dimension hinzufügte. Minkowski prägte auch den noch heute gebräuchlichen Begriff der Weltlinie. Dass ausgerechnet sein ehemaliger Student, den er eher als Mathematik-scheu in Erinnerung hatte, diese Leistung vollbracht haben sollte, wollte ihm nicht in den Kopf. »Das hätte ich dem Einstein eigentlich nicht zugetraut«, äußerte er seinem Assistenten Max Born gegenüber.

Einsteins Leistung fand wachsende Zustimmung, und es wurde immer deutlicher, dass er im Patentamt völlig deplatziert war. Also beugte sich Einstein den Bestimmungen der Berner Fakultät und fertigte eine Habilitationsschrift an. Erneut befasste er sich hierin mit seiner Strahlungstheorie. Diese Arbeit ist jedoch nicht erhalten geblieben. Wie schon bei seiner Dissertation, so ging es jetzt auch mit der Habilitation sehr schnell. Er reichte sie am 24. Februar 1908 ein, und schon vier Tage später hielt er seine Probevorlesung. Die Fakultätsmitglieder waren zufrieden und erhoben ihn in den Stand eines Privatdozenten. Von da an hielt er Kollegs und Vorlesungen, die allerdings so gut wie keine Hörer fanden.

Am 21. September 1908 hielt **Minkowski** in Köln bei der Versammlung Deutscher Naturforscher und Ärzte einen Vortrag, in dem er den für Mathematiker ungewöhnlich schwülstigen Satz prägte: »Von Stund an sollen Raum für sich und Zeit für sich völlig zu Schatten herabsinken und nur noch eine Art Union der beiden soll Selbständigkeit bewahren.«

In diese Zeit fällt auch eine Episode, in der Einstein einen Ausflug in die Experimentalphysik unternahm. Er hatte sich eine Apparatur ausgedacht, mit der es möglich sein sollte, elektrostatische Spannungen genauer messen zu können, als es bis dahin möglich war. Er erhoffte sich von dem »Maschinchen«, wie er es nannte, die Überprüfung einer Vorhersage aus einer seiner Arbeiten im Zusammenhang mit der Brownschen Bewegung. Darüber hinaus ergab sich eventuell sogar die Möglichkeit, über »die Erforschung der Radioaktivität« seine Formel $E=mc^2$ nachzuprüfen. Gemeinsam mit einem Mechaniker baute Einstein eine erste Apparatur zusammen. Behilflich waren ihm dabei die beiden Brüder Paul und Conrad Habicht. Von 1907 bis 1910 verwendeten die drei viel Zeit auf die Konstruktion ihres Maschinchens, so dass sie im Dezember 1911 vor der Deutschen Physikalischen Gesellschaft einen Prototyp vorführen konnten. Einstein war davon überzeugt, dass ihr Instrument bald die bis dahin gebräuchlichen Elektrometer ablösen würde. Zwar meldeten die beiden Habicht-Brüder es zum Patent an, aber letztlich setzte sich diese Technik nicht durch. Nur einige Exemplare wurden in Paul Habichts Firma gebaut. Eines steht heute im Physikalischen Institut der Universität Tübingen, ein zweites in der Ingenieurschule des Technikums Winterthur.

Einstein sah seine Zukunft aber nie in der Technikbranche. Für ihn kam letztlich nur die Hochschulkarriere in Frage. Allerdings gab es nur wenige Professorenstellen für Theoretische Physik, und die waren alle besetzt. Einzig an der Universität Zürich versuchte Einsteins Doktorvater, Alfred Kleiner, ein Extraordinariat einzurichten. Dort wollte dieser

---

Wohl hör' ich von ferne ihr schönes Wort allein meine Lust an einer Pat[ent] Zeichnung ist fort. Ich kann unmöglich abends noch eine Reisfeder ansehen sonst bekomme ich im Traum durch Kanäle zu kriechen und das muss vermieden werden.
Paul Habicht wegen des ›Maschinchens‹ an Einstein, Juni 1908

ursprünglich seinen ehemaligen Assistenten Friedrich Adler unterbringen. Doch weder der noch der zweite Anwärter, Walter Ritz von der Universität Göttingen, erhielten die Stelle, sondern Einstein. In seinem Gutachten befand Kleiner: »Einstein gehört gegenwärtig zu den bedeutendsten theoretischen Physikern und ist seit seiner Arbeit über das Relativitätsprinzip wohl ziemlich allgemein als solcher anerkannt.« Adler empfand die Wahl als völlig gerechtfertigt. Seinem Vater schrieb er: »Für die Leute steht es natürlich so, dass sie sich einerseits Gewissensbisse machen, wie sie ihn früher behandelt, andererseits der Skandal nicht nur hier, sondern in Deutschland empfunden wird, dass so ein Mann am Patentamt sitzen soll.« Hinzu kamen immer mehr Lobeshymnen namhafter Physiker, allen voran Max Planck.

Dies alles mag den Regierungsrat des Kantons Zürich dazu bewogen haben, Einstein im Mai 1909 für das Extraordinariat zu berufen. Die Stelle war mit einem Jahresgehalt von 4500 Schweizer Franken plus Hörer- und Prüfungsgebühren dotiert. Im Juli kündigte Einstein seine Stelle beim Patentamt, in dem er sieben Jahre lang zuverlässig seinen Dienst getan hatte. Sein Vorgesetzter Friedrich Haller akzeptierte diese Entscheidung, auch wenn der »Weggang einen Verlust für das Amt« bedeutete.

Nun war es Zeit, dass Einstein auch eine wissenschaftliche Tagung besuchte. Im September reiste er nach Salzburg und hielt auf dem Kongress der Deutschen Naturforscher und Ärzte vor über hundert Zuhörern einen Vortrag über die Natur des Lichts. Hierin begründete er seine umstrittene Forderung, dass man Licht nicht mehr länger als Welle oder Teilchen ansehen müsse, sondern dass es gewissermaßen

---

Der Maßstab für die Bewertung einer neuen physikalischen Hypothese liegt nicht in ihrer Anschaulichkeit, sondern in ihrer Leistungsfähigkeit. Hat sie sich einmal als fruchtbar bewährt, so gewöhnt man sich an sie, und dann stellt sich nach und nach eine gewisse Anschaulichkeit von selber ein.
Max Planck zu Gegnern der Quantentheorie, 1910

beides gleichzeitig ist. Er forderte »eine tiefgehende Änderung unserer Anschauungen vom Wesen und von der Konstitution des Lichts.« Obwohl sich die anwesenden Koryphäen wie Planck, Wien oder Sommerfeld keineswegs mit dieser Hypothese anfreunden konnten, waren sie doch alle von den klaren Gedanken und dem bescheidenen Auftreten des jungen Physikers beeindruckt.

Bevor Einstein die so lang ersehnte Stelle antrat, stand erst einmal wieder ein Umzug an. Am 14. Oktober 1909 quartierte sich Familie Einstein in der Moussonstraße 12 am Zürichberg ein. Am nächsten Tag nahm Einstein seine Arbeit als außerordentlicher Professor auf, oder, wie er seinem Freund und Kollegen Jakob Laub schrieb: »Nun bin ich also auch ein offizieller von der Gilde der Huren etc.«

Neugier, Besessenheit und sture Ausdauer

Nun war Einstein als Professor in die Stadt seiner Studentenzeit zurückgekehrt. Beruflich konzentrierte er sich voll und ganz auf seine Vorlesungen. Auch privat ließ es sich gut an. Zufällig wohnte im Stockwerk unter ihnen Friedrich Adler mit seiner Familie. Die beiden Physiker zogen sich oft in Einsteins Mansardenzimmer zurück, um zu diskutieren. Ein frohes Wiedersehen gab es auch mit Marcel Grossmann, der Professor für Geometrie am Polytechnikum war. Häufiger Gast war Einstein zudem bei Adolf Hurwitz, einem Professor für Maschinenbau. In dessen Haus trafen sich die Gelehrten indes nicht zum Diskutieren, sondern zum Musizieren. »Albert Einstein kommt regelmäßig um fünf Uhr, und wir spielen Bach und Mozarts zehnte Sonate«, notierte Lisbeth Hurwitz in ihrem Tagebuch.

Neben dem Universitätsbetrieb blieb Einstein nur wenig Zeit zum Forschen. Dafür gewann er zwei namhafte Fürspre-

16 Einstein beim Musizieren mit Adolf und Lisbeth Hurwitz in deren Zürcher Haus im Jahr 1913

cher für seine Quantentheorie. In den Semesterferien reiste aus Berlin Walther Nernst an, ein Mitbegründer der physikalischen Chemie. Zu Ruhm und Reichtum hatte er es Ende des 19. Jahrhunderts mit der Erfindung einer nach ihm benannten Lampe gebracht. Sie ähnelte einer Glühbirne, besaß aber eine hohe Intensität im Infraroten, was sie für Forschungszwecke interessant machte. Nernst hatte das Patent für eine Million Goldmark an die AEG verkauft.

Kurz vor seinem Besuch hatte Nernst experimentell die spezifische Wärme unterschiedlicher Stoffe bei tiefen Temperaturen gemessen. Die Messwerte stimmten gut mit Einsteins Quantentheorie von festen Körpern überein und bestätigten sein Theorem, wonach der absolute Temperatur-Nullpunkt prinzipiell nicht erreicht werden kann. Dies ist heute der dritte Hauptsatz der Wärmetheorie. Einstein schrieb Jakob Laub: »Die Quantentheorie steht mir fest. Meine Voraussagen inbetreff der spezifischen Wärmen scheinen sich glänzend zu bestätigen.« Nernst war nach seinem Besuch in Zürich von Einstein begeistert.

Wenig später und ebenfalls in Sachen Quantentheorie pilgerte Arnold Sommerfeld zu Einstein. In seinem Heimatinstitut an der Universität München hatte er diesen Besuch verheimlicht und einen Erholungsurlaub als Grund für seine Reise angegeben. Sommerfeld hatte sich bis dahin immer wieder kritisch gegenüber Einsteins Ideen geäußert und sich sogar einmal zu dem Vorwurf der »abstrakt-begrifflichen Art des Semiten« hinreißen lassen. Ein unverständlicher Ausrutscher, denn während der Nazi-Herrschaft sollte gerade Sommerfeld sich als standhaft gegenüber dem Antisemitismus erweisen. Eine Woche lang diskutierte er mit Einstein über

---

Arnold Sommerfeld (5. 12. 1868– 26. 4. 1951) wurde 1906 an die Universität München berufen. Dort lehrte er bis 1938. Berühmt wurde sein vierbändiges Werk (mit F. Klein) über Kreiseltheorie. Anschließend widmete er sich der Analyse von Atomspektren. 1915 erweiterte er das Bohrsche Atommodell, indem er auch elliptische Bahnen für die Elektronen annahm. Ein Jahr später wandte er die Spezielle Relativitätstheorie auf die Quantentheorie an. Sein Werk ›Atombau und Spektrallinien‹ wurde für eine ganze Physikergeneration zur ›Bibel‹

den Widerspruch zwischen der Teilchen- und der Welleneigenschaft von Licht. »Seine Anwesenheit war ein wahres Fest für mich. Er hat sich in weitgehendem Mass meinen Gesichtspunkten über die Anwendung der Statistik angeschlossen«, berichtete Einstein freudig Jakob Laub.

In dieser Zeit wurde Einstein auch erstmals mit den Eigenarten von Philipp Lenard konfrontiert, wenn auch nur indirekt über dessen Assistenten Jakob Laub. Lenard war ein geschickter Experimentator, der 1905 für seine Arbeiten zur Natur von Kathodenstrahlen den Physik-Nobelpreis erhalten hatte. Bereits im Jahre 1901 hatte er Versuche zum photoelektrischen Effekt unternommen, die Einsteins Lichtquantenhypothese unterstützten. Lenard blieb aber im Denken der klassischen Physik verhaftet und wollte Einsteins neue Physik nicht akzeptieren.

Lenard entfernte sich nicht nur zusehends von den modernen Strömungen in der Physik, sondern er erwies sich auch als unangenehmer Mensch. Als Laub sich nach einer neuen Stelle umsah, bestand Lenard darauf, dass er bis zur Einstellung eines Nachfolgers bleiben müsse. Er ging dabei so weit, dass er im Gehaltsbüro der Universität Heidelberg Laubs Lohnauszahlung blockieren wollte. Ein solches Verhalten war Einstein natürlich äußerst zuwider, weswegen er für seinen jungen Kollegen eine neue Stelle suchte. Im November schrieb er ihm: »Das ist ein verdrehter Kerl, der Lenard! So ganz aus Galle und

> Lenard muss aber in vielen Dingen sehr »schief gewickelt« sein. Sein Vortrag von neulich über die abstruse Aetherei erscheint mir fast infantil.
>
> *Einstein in einem Brief an Jakob Laub*

Jakob Laub (7.2.1882–22.4.1962) nahm 1915 die argentinische Staatsbürgerschaft an. Von 1920 bis 1939 wirkte er als argentinischer Vizekonsul in Deutschland und der Schweiz und arbeitete während des 2. Weltkrieges im argentinischen Außenministerium. Danach wandte er sich wieder der Physik zu und wirkte von 1947 bis 1953 als Assistent an der Universität Fribourg, Schweiz. 1945 besuchte er Einstein ein letztes Mal in Princeton.

Intrigue zusammengesetzt. Aber Sie sind besser dran als er. Sie können von ihm weggehen, aber er muss mit dem Scheusal wirtschaften, bis er ins Gras beisst.« Im folgenden Jahr wurde der Ton noch schärfer: »Lenard und seine Genossen sind und bleiben abscheuliche Schweine.« Dies war erst der Beginn des Zerwürfnisses zwischen Einstein und Lenard, das in der antisemitischen Hetzkampagne der 1920er Jahre seinen traurigen Höhepunkt finden sollte. Laub musste noch bis 1911 ausharren. Dann erhielt er einen Ruf als Professor für Physikalische Geographie an die Universität La Plata, Argentinien.

Auch Einsteins Tage in Zürich waren gezählt. Schon ein halbes Jahr nach seiner Ankunft erhielt er eine Anfrage, ob er grundsätzlich zu einem Wechsel bereit sei. Die Aussicht auf eine ordentliche Professur mit höherem Gehalt war für Einstein durchaus verlockend. Das Angebot kam von der Deutschen Universität in Prag. Dort hatte man den Lehrstuhl für mathematische Physik in einen für theoretische Physik umgewandelt, so dass er nun auf Einstein genau zugeschnitten war. Obwohl die Fakultät sich in ihrer Wahl einig war, holte sie bei Max Planck noch ein Gutachten ein. Dieses ist zwar verloren gegangen, doch sicher hat Planck nicht mit Lob gespart. Zur selben Zeit kam ein Buch von ihm heraus, in dem er außerordentlich lobende Worte für das Relativitätsprinzip fand: Es übertreffe »an Kühnheit wohl alles, was bisher in der spekulativen Naturforschung, ja in der philosophischen Erkenntnistheorie geleistet wurde. ... Mit der durch dies Prinzip im Bereiche der physikalischen Weltanschauung hervorgerufenen Umwälzung ist an Ausdehnung und Tiefe wohl nur noch die durch die Einführung des Copernikanischen Weltsystems bedingte zu vergleichen.«

Eduard Einstein (28.7.1910 – 25.10.1965), Alberts und Milevas zweiter Sohn, erwies sich als Kind ungewöhnlich begabt. Er lernte früh lesen und wagte sich schon mit neun Jahren an die Lektüre der deutschen Klassiker. Als er vier Jahre alt war, trennten sich seine Eltern, was

Im September des Jahres reiste Einstein schon zu einer Berufungsverhandlung nach Wien. In Zürich bangte man deshalb um den berühmten Mann und erhöhte sein Jahresgehalt auf 5500 Schweizer Franken. Doch damit konnten sie nicht mit dem Angebot aus Wien konkurrieren. Der k. u. k.-Sektionschef des Ministeriums bot »Eure Hochwohlgeboren« ein Jahresgehalt von 8672 Kronen einschließlich »Aktivitätszulage« und »Remuneration für Seminarübungen« an, was etwa 9100 Schweizer Franken entsprach. Am liebsten hätte das Ministerium Einstein noch im Wintersemester an der Prager Universität gesehen, doch das ging dem Berufenen dann doch zu schnell. Am 1. Dezember wurde Einsteins Wechsel zum April 1911 an die Universität Prag in den »Personalien« der ›Physikalischen Zeitschrift‹ bekannt gegeben. Vorher gab es jedoch noch zwei bedeutende Ereignisse.

Am 28. Juli kam der zweite Sohn zur Welt. Er erhielt den Namen Eduard, wurde aber meist Dete oder Tete genannt, was in Milevas Muttersprache Kind bedeutet. Das zweite für Einstein sehr bedeutende Ereignis war eine Einladung von Hendrik Lorentz nach Leiden. Er hatte Lorentz stets wie eine wissenschaftliche Vaterfigur verehrt, bis dahin aber noch nicht persönlich kennen gelernt. »Ich bewundere diesen Mann wie keinen anderen, ich möchte sagen, ich liebe ihn«, hatte er Jakob Laub noch kurz vor der Einladung geschrieben. Zusammen mit Mileva reiste er im Februar 1911 nach Leiden, während sich Milevas Mutter in Zürich um die beiden Kinder kümmerte. Einstein hielt vor versammelter Fakultät einen Abendvortrag, doch am meisten freute er sich auf die persönliche Diskussion mit Lorentz über das Strahlungsproblem. »Schon im voraus beteuere ich Ihnen, dass ich

---

auch zu einem gespannten Verhältnis zwischen Vater und Sohn führte. Die Naturwissenschaften langweilten ihn, aber er war dafür umso begabter in Literatur und verfasste Prosa, Lyrik und Aphorismen. Auch spielte er sehr gut Klavier. Nach dem Abitur wollte er Psychologie studieren, doch schon bald zeigten sich erste Anzeichen einer psychischen Störung, die sich beispielsweise in heftigen Wutausbrüchen entlud. Immer häufiger wurde er in die Heilanstalt Burghölzli eingeliefert. Dort starb er am 25. Oktober 1965.

17 Blick auf Prag

nicht der orthodoxe Lichtquantler bin, für den Sie mich halten«, versuchte er Lorentz vorab zu beschwichtigen. Doch wird er seinen Standpunkt in Leiden deutlich gemacht haben.

Am 1. April übersiedelte die Familie Einstein nach Prag. Sie zog in eine geräumige Wohnung in der Trebizkeho ulice 1215 (heute Lesnicka ulice 7) auf der Prager »Kleinseite.« Die Lebensbedingungen waren dort nicht ideal. Seit 1800 war der Anteil der deutschen Bevölkerung stetig zurückgegangen, so dass 1861 erstmals eine tschechische Mehrheit im Stadtparlament herrschte. Als die Einsteins nach Prag kamen, lebten dort nur noch zehn bis zwanzig Prozent Deutsche. Nationale Streitigkeiten hatten schon 1882 zu einer Trennung der Universität in einen deutschen und einen

---

Die **Universität Prag** wurde 1348 gegründet und ist damit eine der ältesten Hochschulen Europas. Als Einstein dort 1911 Professor wurde, gehörte Prag zur k. u. k.-Monarchie. Für die Berufung war daher offiziell Kaiser Franz Joseph zuständig.

Einstein bekam die **Spaltung der Prager Bevölkerung** bald zu spüren. »Die Animosität zwischen Deutschen & Tschechen scheint bedeutend«, schrieb er seinem Freund Heinrich Zangger und erzählte von einem Fall, in dem ihm ein Kollege empfohlen habe,

tschechischen Teil geführt. Zwischen den Professoren der beiden Universitäten herrschte überwiegend eisiges Klima. So kam es durchaus vor, dass Wissenschaftler, die auf demselben Gebiet, aber an den getrennten Universitäten arbeiteten, sich nur auf Kongressen trafen und ansonsten nicht miteinander sprachen.

Einsteins Gehalt reichte erstmals aus, um ein Hausmädchen einzustellen. Albert und Mileva sollten sich aber nie richtig wohl fühlen in der Stadt an der Moldau. Mileva empfand sich als Slawin den Tschechen näher, während sie durch ihren Mann stärker an die deutsche Seite gebunden war. Einstein beschwerte sich schon nach drei Wochen: »Die Luft voll Ruß, das Wasser lebensgefährlich, die Menschen äußerlich, oberflächlich und roh« und »Gedankenöde ohne Glauben.« Immerhin aber fand er rasch Zugang zu intellektuellen Kreisen in der Stadt, denn sogar Tageszeitungen hatten den berühmten Professor angekündigt.

Wissenschaftlich war Einstein isoliert. Es gab praktisch niemanden an der Universität, mit dem er über die brennenden Probleme hätte diskutieren können. Zwar war sein Assistent Ludwig Hopf mit ihm umgezogen, doch verließ dieser schon bald wieder die Stadt und ging an die TH Aachen. Im April schrieb Einstein seinem ersten – und übrigens auch letzten – Doktoranden, Hans Tanner, er »habe ein Institut mit ziemlich guter Bibliothek und wenig Berufspflichten«. Anders als in Zürich musste Einstein in Prag aber einen erheblichen bürokratischen Aufwand ertragen. »Unendlich viel Schreibereien für den unbedeutendsten Dreck. Gesuch um Bewilligung des Reinigungsgeldes für die Institutsräume an die hohe Statthalterei etc. etc.«, klagte er Marcel Grossmann ge-

eine Wolldecke nicht in einem tschechischen, sondern einem deutschen Geschäft zu kaufen.

In Prag verkehrte Einstein in einem kulturellen Salon, wo er unter anderen den Schriftsteller **Max Brod** kennen lernte. Brod war von Einstein sehr angetan und übernahm einige Charakterzüge als Vorbild für die Person Keplers in dem Roman ›Tycho Brahes Weg zu Gott‹.

genüber. Einige Monate später drückte er es kräftiger aus: »Die Tintenscheisserei im Amte ist endlos – alles, wie es scheint, um dem Tross von Schreibern in den Staatskanzleien einen Schein von Daseinsberechtigung zu geben.«

In der Prager Zeit trat auch eine zunehmende Entfremdung der beiden Einsteins ein. Einstein hatte sich schon zuvor einmal über eine zunehmende Eifersucht Milevas beklagt, die zudem schwermütig veranlagt gewesen zu sein scheint. Ein Wesenszug, der sich in der Isolation gesteigert haben mag. Milevas Biografin, Desanka Trbuhović berichtet, Einstein habe seine Frau häufig zu Hause gelassen und mit ihr auch nicht mehr über seine wissenschaftlichen Arbeiten gesprochen. Als Folge davon wurde Mileva schweigsam und vernachlässigte zunehmend ihr Äußeres. Außerdem scheinen Einsteins Verwandte erneut gegen Mileva Front gemacht zu haben. Einstein war jetzt eine Berühmtheit und bräuchte eine repräsentativere Gattin als Mileva, meinten sie.

In diese Phase der persönlichen Krise fiel ein denkwürdiges Treffen. Im April 1912 reiste Einstein allein nach Berlin, um dort mit Kollegen zu diskutieren. Bei dieser Gelegenheit traf er auch seine Cousine Elsa, die Tochter seines Onkels Rudolf und dessen Frau Fanny. Als Jugendliche hatten sich Einstein und Elsa einige Male getroffen, seitdem aber nicht mehr gesehen. Elsa hatte 1896 den schwäbischen Textilfabrikanten Max Löwenthal geheiratet. Das Ehepaar lebte mit zwei Töchtern, Ilse und Margot, in Berlin. Im Jahre 1908 ließen sich die beiden jedoch scheiden, und Elsa zog mit ihren beiden Töchtern in das Elternhaus. Dort bekam sie von Einstein Besuch, wobei sich die beiden ineinander verliebten. »Ich habe Dich in diesen wenigen Tagen so lieb gewonnen, dass

---

Elsa Einstein (18.1.1876 – 20.12.1936) kam als Tochter des Textilfabrikanten Rudolf Einstein und Fanny Koch in Hechingen zur Welt. Sie hatte zwei Schwestern, Paula und Hermine. Sie war Albert Einsteins Cousine ersten und zweiten Grades: Ihre beiden Mütter waren Schwestern und ihre Väter Cousins. Albert Einstein lernte sie bereits als Kind bei Besuchen in München kennen. Im Jahre 1896 heiratete Elsa den Berliner Textilhändler Max Löwenthal. Aus dieser Ehe gingen die beiden Töchter Ilse und Margot hervor. 1908 ließ sich

ich Dirs kaum sagen kann«, gestand er ihr kurz nach seiner Rückkehr in Prag. Und über sein Verhältnis zu Mileva schrieb er: »Wenn ich das schlechte Verhältnis zwischen meiner Frau und Maja oder meiner Mutter vor mir sehe, so muss ich leider sagen, dass mir alle drei recht wenig sympathisch sind, leider! Jemand lieb haben muss ich aber, sonst ist es jämmerlich zu existieren. Und dieser jemand bist Du.« Elsa muss ihm bei einem Ausflug zum Wannsee vorgeworfen haben, bei Mileva unter dem Pantoffel zu stehen, denn am Schluss des Briefes schrieb er: »Ich versichere Dir mit aller Überzeugung, dass ich mich für ein vollwertiges Mannsbild halte. Vielleicht gibt's einmal eine Gelegenheit Dirs zu beweisen.«

Es folgte ein weiterer leidenschaftlicher Brief, doch drei Wochen später scheint Einstein die Realität eingeholt zu haben. Enttäuscht schrieb er nach Berlin: »Ich habe das Gefühl, dass es uns beiden und anderen nicht zum Guten gereicht wenn wir uns enger aneinander anschliessen. Ich schreibe Dir also heute zum letzten Mal und begebe mich in das unvermeidliche zurück, und Du musst es auch.« Zwei Jahre später sollte er sich jedoch von Mileva trennen, so dass einer Verbindung mit seiner Cousine nichts mehr im Wege stand. Doch damit greifen wir Einsteins Entwicklung voraus.

Im Herbst 1911 ergab sich für Einstein eine gute Gelegenheit, dem Prager Alltag zu entkommen und mit den Größen der Physik über die anstehenden Probleme zu diskutieren. Der belgische Industrielle Ernest Solvay hatte sich vorgenommen, einen Kongress einzuberufen, zu dem sich nur eine handverlesene Auswahl an Physikern einfinden sollte. Ein privat organisiertes Gipfeltreffen gewissermaßen. Ganz unei-

---

Elsa scheiden und zog mit den beiden Töchtern in des Elternhaus, wo sie Albert Einstein wieder traf. Im Juni 1919 heirateten die beiden. Elsa starb 1936 in Princeton.

gennützig war Solvays Vorhaben indes nicht. Er hatte nämlich eine abstruse »gravito-materialistische Theorie« aufgestellt, die er in Gelehrtenkreisen diskutieren wollte.

Vom 29. Oktober bis 3. November 1911 fanden sich im Brüsseler Grand Hotel Metropole 18 führende europäische Physiker zusammen, um unter dem Vorsitz von Hendrik Lorentz über die Quantentheorie und Strahlungsphänomene zu diskutieren. Hier traf Einstein nicht nur seinen geistigen Vater Lorentz wieder, sondern auch seinen Konkurrenten bei der Speziellen Relativitätstheorie, Henri Poincaré, und seinen Mitstreiter in der Quantenhypothese, Walther Nernst. Es wurde viel diskutiert, aber »Positives kam nicht zustande«, gestand Einstein Michele Besso. Ganz so negativ sahen es viele der anderen Teilnehmer jedoch nicht. Die Vorträge wurden veröffentlicht und lenkten insbesondere bei jungen Physikern das Interesse auf die Quantentheorie. Auch Solvay selbst war von seiner Veranstaltung begeistert und entschied, sie zu einer ständigen Einrichtung zu machen. Der Solvay-Kongress sollte von nun an alle zwei Jahre stattfinden. Das Treffen von 1927 ging wegen seiner leidenschaftlichen Diskussionen zwischen Einstein und Bohr über die statistische Interpretation der Quantentheorie in die Geschichte der Physik ein.

Auch wenn die Prager Zeit nicht zu Einsteins glücklichster Phase gezählt werden kann, so gab es dennoch eine entscheidende Entwicklung. Er fand endlich wieder Zeit und Muße, sich der Relativitätstheorie zu widmen. Zwar war sie in den Grundzügen abgeschlossen, aber sie galt nur für gleichförmig bewegte Systeme, was eine bedeutende Einschränkung bedeutete. »Wenn dem Begriff der Geschwindigkeit nur ein relativer Sinn zugeschrieben werden kann, soll man trotz-

---

Ich habe mir fest vorgenommen, mit einem Minimum medizinischer Hilfe ins Gras zu beissen, wenn mein Stündlein gekommen ist, bis dahin aber drauf los zu sündigen, wie es mir meine ruchlose Seele eingibt.

Einstein an seine Cousine Elsa, August 1913

dem daran festhalten, die Beschleunigung als absoluten Begriff festzuhalten?« Anders ausgedrückt: Ließ sich das Relativitätsprinzip nicht auf beschleunigte Systeme erweitern?

Hin zur Allgemeinen Relativitätstheorie

Anhand von Vorträgen, Briefen, Tagebüchern und wissenschaftlichen Veröffentlichungen lässt sich Einsteins Weg hin zur Allgemeinen Relativitätstheorie relativ detailliert nachvollziehen. Der erste Akt begann mit der Entdeckung des Äquivalenzprinzips im Jahre 1907, der zweite mit der Einführung der nichteuklidischen Geometrie für gekrümmte Räume (1912) und der dritte mit der Aufstellung der Feldgleichungen (1915). Einstein verirrte sich in diesen acht Jahren in einige Sackgassen und plagte sich wie zu keiner anderen Zeit seines Lebens. Am Ende stand das wunderbare Werk der Allgemeinen Relativitätstheorie.

Aus Erfahrung wissen wir, dass in beschleunigten Systemen Trägheitskräfte auftreten, an denen wir den Bewegungszustand erkennen können. Sitzen wir in einem Auto, das schnell beschleunigt, werden wir in die Sitze gepresst, bremst es stark ab, drückt es uns in die Sicherheitsgurte. Während sich eine gleichförmige Bewegung nicht bemerkbar macht, scheinen Beschleunigungen wegen der Trägheitskräfte etwas Absolutes zu besitzen.

Für Einstein dokumentierte sich darin eine Unvollständigkeit der damaligen Physik. In dem zusammen mit Leopold Infeld verfassten Buch ›Evolution der Physik‹ schrieb er: »Den Kernpunkt des Problems bildet der Umstand, daß die Naturgesetze nur für eine Sonderklasse von Systemen, nämlich die Inertialsysteme, gelten sollen. Es läßt sich nur dann

---

In der Newtonschen Mechanik bleibt ein Körper in Ruhe oder er bewegt sich mit konstanter Geschwindigkeit, wenn keine resultierende äußere Kraft auf ihn einwirkt. Ein solches Bezugssystem heißt **Inertialsystem**. In der Speziellen Relativitätstheorie unterscheidet man nicht mehr zwischen ruhenden und gleichförmig bewegten Systemen. Hier sind alle gleichförmig, also mit konstanter Geschwindigkeit sich bewegenden Systeme gleichberechtigt.

lösen, wenn es uns gelingt, physikalische Gesetze aufzustellen, die für alle Systeme gelten, und zwar nicht nur für die gleichförmig, sondern auch für die beliebig gegeneinander bewegten. ... Können wir aber wirklich eine für alle Systeme geltende relativistische Physik ausarbeiten, eine Physik, in der kein Raum mehr ist für absolute Bewegung, in der es nur noch relative Bewegung gibt?«

Neben der Idee einer Verallgemeinerung der Speziellen Relativitätstheorie beschäftigte ihn ein zweites Problem, das ähnlich gelagert war wie schon im Falle der Speziellen Relativitätstheorie. Newtons Gravitationstheorie und Maxwells Theorie der elektromagnetischen Felder lagen zwei unterschiedliche Konzepte zugrunde. Newton dachte sich die Schwerkraft als instantan wirkende Kraft. Das heißt sie überbrückt den zwischen den Körpern liegenden Raum ohne Zeitverlust. Auf welche Weise diese Fernwirkung zustande kommen sollte, war unklar. Überdies widersprach sie Einsteins neuer Erkenntnis, wonach sich kein Körper und keine Information schneller als mit Lichtgeschwindigkeit bewegen kann.

In Maxwells Theorie dagegen übertrug ein Feld die Kraft zwischen elektrisch geladenen Körpern. Jede Veränderung darin breitete sich mit Lichtgeschwindigkeit aus. Dieser prinzipielle Unterschied zwischen Newtons Fernwirkungstheorie und Maxwells Feldtheorie war ein halbes Jahrhundert lang den Physikern ein Rätsel geblieben.

Wie Einstein später selbst einmal sagte, hatte er das Gefühl, »daß eine vernünftige Gravitationstheorie nur von einer Erweiterung des Relativitätsprinzips zu erwarten war.« Der »glücklichste Gedanke« seines Lebens war ihm bereits in Bern Ende Oktober, Anfang November des Jahres 1907 ge-

---

Bewundernswert ist vor allem die Leichtigkeit, mit der er sich neue Gedanken aneignete und jede Folgerung aus ihnen zu ziehen weiß.

Henri Poincaré über Einstein 1911

kommen. Später beschrieb er diese Sternstunde so: »Ich saß auf meinem Stuhl im Patentamt in Bern. Plötzlich hatte ich einen Einfall: Wenn sich eine Person im freien Fall befindet, wird sie ihr eigenes Gewicht nicht spüren. Ich war verblüfft. Dieses einfache Gedankenexperiment machte auf mich einen tiefen Eindruck. Es führte mich zu einer Theorie der Gravitation.« Was ist daran so bemerkenswert, dass ein Mensch im freien Fall gewichtslos ist?

Die gesamte Tragweite dieses Gedankenexperiments lässt sich in abgeänderter Form, wie Einstein sie später selbst vortrug, eher verstehen. Man denke sich einen Physiker in einem völlig geschlossenen Kasten mit einem Apfel in der Hand. Er öffnet die Hand und der Apfel fällt zu Boden. Für den Fall des Apfels gibt es zwei Erklärungsmöglichkeiten. Entweder steht der Kasten auf der Erdoberfläche, und der Apfel fällt aufgrund der Schwerkraft. Oder der Kasten wird entgegen der Fallrichtung des Apfels konstant beschleunigt. Für den Forscher gäbe es keine Möglichkeit, zwischen diesen beiden Möglichkeiten zu unterscheiden, so lange er nicht nach draußen schauen kann.

Dieses Gedankenexperiment zeigte Einstein eine tiefe Wesensverwandtschaft zwischen einer beschleunigten Bewegung und dem Schwerkraftfeld auf. Beide waren ununterscheidbar oder äquivalent. Dieses Äquivalenzprinzip, wie Einstein es nannte, war der »Schlüssel für ein tieferes Verständnis der Trägheit und Gravitation«. Schon Newton war dies im Grunde bekannt. Im Gravitationsfeld besitzt Materie eine schwere Masse. Andererseits besitzt sie auch eine träge Masse. Sie tritt dann auf, wenn man einen Körper beschleunigen will. Schwere und träge Masse waren gleich groß, wie verschiede-

---

Bereits Galilei stellte ein **Äquivalenzprinzip** auf. Es wird heute als Abgrenzung zum Einsteinschen Äquivalenzprinzip als schwaches Äquivalenzprinzip bezeichnet. Es besagt, dass alle Körper unabhängig von ihrer Masse und ihrer Zusammensetzung in einem Gravitationsfeld gleich fallen. Dieses Prinzip ist experimentell bis auf ein Milliardstel Promille genau bestätigt.

ne Experimente mit steigender Präzision bis dahin immer wieder bestätigten. Eine physikalische Erklärung hierfür hatte man indes nicht.

Das Äquivalenzprinzip wurde zum Dreh- und Angelpunkt seiner Überlegungen. In der bereits erwähnten Arbeit für das ›Jahrbuch der Radioaktivität und Elektronik‹ schrieb Einstein 1907: »Wir wollen daher im folgenden die völlige physikalische Gleichwertigkeit von Gravitationsfeld und entsprechender Beschleunigung des Bezugssystems annehmen.« Allein aus dieser Grundannahme konnte Einstein ableiten, dass Lichtstrahlen in Schwerkraftfeldern auf gekrümmten Bahnen laufen. Er führte dafür ein Gedankenexperiment an, in dem sich ein Experimentator in einem fallenden Fahrstuhl befindet. Aus heutiger Sicht ist es vielleicht überzeugender, dieses in den Weltraum zu verlegen.

Hierzu stelle man sich ein Raumschiff vor. An einer Wand im Innern befinde sich ein Laser, der einen Lichtstrahl genau parallel zum Boden auf die gegenüberliegende Wand schickt. Im ersten Fall bewege sich die Kapsel senkrecht zum Boden mit konstanter Geschwindigkeit. Da dieser Zustand nach dem Galileischen Transformationsgesetz nicht unterscheid-

18 Einstein-Portrait aus der
Prager Zeit im Jahr 1912

bar ist von dem Zustand der Ruhe, wird der Laserstrahl parallel zum Fußboden verlaufen.

Bewegt sich das Raumschiff beschleunigt, so trifft der Laserstrahl etwas unterhalb des bisherigen Ortes auf die Wand. Der Lichtstrahl ist gebogen. Die Krümmung ist demnach eine Folge der beschleunigten Bewegung. Nach dem Äquivalenzprinzip lässt sich aber die Wirkung bei einer Beschleunigung nicht von der im Gravitationsfeld unterscheiden. Also, so folgerte Einstein, wird ein Lichtstrahl auch im Schwerefeld von Materie abgelenkt und auf einer gekrümmten Bahn laufen. Eine experimentelle Überprüfung dieser Vorhersage schien zunächst unmöglich, denn »leider ist der Einfluß des irdischen Schwerefeldes nach unserer Theorie ein so geringer ..., daß eine Aussicht auf Vergleichung der Resultate der Theorie mit der Erfahrung nicht besteht«, stellte Einstein fest.

Das Äquivalenzprinzip führt auch direkt zu der Hypothese, dass die Zeit bei starker Schwerkraft langsamer läuft als bei schwacher. Um dies zu verstehen, stelle man sich eine Uhr vor, die pro Sekunde einen kurzen Lichtblitz aussendet. Bewegt sich diese Uhr in einem Raumschiff beschleunigt von uns fort, so kommen die Lichtpulse in immer langsamerer Folge bei uns an, weil sich die Uhr zwischen zwei Pulsen mit wachsender Geschwindigkeit von uns entfernt und die Lichtblitze bis zu uns immer mehr Zeit benötigen. Uns erscheint es daher so, als würde die Zeit in dem beschleunigten Raumschiff immer langsamer vergehen. Da nach dem Äquivalenzprinzip die physikalischen Vorgänge in einem beschleunigten Raumschiff genauso ablaufen wie unter dem Einfluss der Gravitation, muss eine Uhr um so langsamer gehen, je stärker die Schwerkraft ist. Dies hat, wie schon in der Speziellen

---

Über das **Wesen der Zeit** machen sich die Menschen seit Jahrhunderten Gedanken. Berühmt wurde etwa der Ausspruch des Theologen Augustinus aus dem 5. Jahrhundert: »Was also ist Zeit? Wenn mich niemand danach fragt, weiß ich es; will ich es einem Fragenden erklären, weiß ich es nicht.«

Relativitätstheorie, nichts mit einer denkbaren Beeinflussung der Uhrenmechanik zu tun, sondern ist eine Eigenschaft der Zeit an sich.

Aus diesem Gedankenexperiment lässt sich noch ein weiteres Phänomen ableiten: die Gravitationsrotverschiebung elektromagnetischer Wellen. Hierfür stelle man sich Licht als Folge von Wellenbergen und Wellentälern vor, wobei die Anzahl der bei uns pro Sekunde ankommenden Berge die Frequenz ist. Diese kann man mit dem soeben beschriebenen Ticken der Lichtuhr vergleichen. Das bedeutet, dass die Schwerkraft die Frequenz von Licht verringert beziehungsweise dessen Wellenlänge, also den Abstand zwischen zwei Wellenbergen, vergrößert. Dies äußert sich in einer Farbänderung, denn die Wellenlänge entscheidet über die Farbe des Lichts: Sie nimmt in der Folge violett, blau, grün, gelb und rot zu. Das heißt die Schwerkraft verändert die Farbe eines Körpers, sie lässt ihn röter erscheinen. Als Folge davon müsste das von einem Atom auf der Sonne ausgesandte Licht eine etwas größere Wellenlänge besitzen als im Labor, weil die Schwerkraft auf der Sonnenoberfläche größer ist als auf der Erde. Allerdings nur um »etwa zwei Millionstel«, wie Einstein berechnete. Die Überprüfung dieser so genannten gravitativen Rotverschiebung des Lichts lag zu damaligen Zeiten außerhalb der Messmöglichkeiten. Einstein forderte jedoch in späteren Jahren immer wieder Astronomen auf, diesen Effekt nachzuweisen.

Zunächst war allerdings überhaupt noch nicht klar, wie sich aus diesen ersten zögerlichen Ansätzen eine konsistente Theorie entwickeln lassen könnte. Ein weiteres Gedankenexperiment, das Einstein über Jahre hinweg beschäftigte, spiel-

---

Die Kreiszahl π, auch **Ludolphsche Zahl** genannt, gibt in der euklidischen Geometrie das Verhältnis von Kreisumfang und Durchmesser an. Sie ist mathematisch gesehen eine transzendente, irrationale Konstante. Während die Babylonier meist den Wert 3 für sie annahmen, rechneten die Ägypter mit einer besseren Näherung; Archimedes lieferte die erste mathematisch bewiesene Annäherung. Heute lässt sich π bis auf über 200 Milliarden Stellen hinter dem Komma berechnen. Ein Muster oder System in der Zahlenfolge wurde nicht gefunden.

te hierbei eine zentrale Rolle: Wie berechnet sich der Umfang einer rotierenden Scheibe?

Bis zum Jahre 1905 wäre überhaupt niemand auf diese Frage gekommen, denn seit der Antike war klar, dass der Umfang eines Kreises oder eines Scheibenrandes sich aus dem Produkt des Kreisdurchmessers D mit der Zahl π errechnet. Im Rahmen der Speziellen Relativitätstheorie sah das aber anders aus. Wenn sich eine Scheibe schnell dreht, so tritt in ihr in Bewegungsrichtung die Längenkontraktion auf. Entlang des Radius, also senkrecht zur Drehbewegung, hingegen nicht. Das hat zur Folge, dass sich der Umfang nicht wie in der klassischen euklidischen Geometrie aus $D \cdot \pi$ berechnet. Hierzu denke man sich einen Maßstab, etwa ein biegsames Metermaß, mit dem man Radius und Rand der Scheibe ausmisst. Dreht sich die Scheibe, so erscheint der Maßstab von einem ruhenden System aus betrachtet verkürzt. Man muss also den Maßstab öfter hintereinander anlegen, um den gesamten Umfang abzumessen, als bei einer ruhenden Scheibe. Folglich ist der Durchmesser größer als $D \cdot \pi$.

Max Born hatte Ende September 1909 auf der Konferenz für Naturforscher und Ärzte in Salzburg auf diese seltsame Konsequenz der Speziellen Relativitätstheorie aufmerksam gemacht. Es kam zu einer Diskussion mit Einstein darüber. Beide zeigten sich erstaunt, dass es demnach unmöglich sein müsste, einen Körper in Drehung zu versetzen, ohne gegen die Gesetze der euklidischen Geometrie zu verstoßen. Zufällig reichte Paul Ehrenfest zur selben Zeit, genau am 29. September, bei der ›Physikalischen Zeitschrift‹ eine Arbeit zu diesem Problem ein, das seitdem Ehrenfestsches Paradoxon genannt wurde. Es spielte eine zentrale Rolle auf dem Weg zur Allgemeinen

---

Paul Ehrenfest (18.1.1880–25.9.1933) wurde in Wien geboren und erhielt nach einer anfänglichen Stelle in St. Petersburg 1912 eine Professur an der Universität Leiden. Dort arbeitete er vor allem über statistische Mechanik, die Plancksche Strahlungstheorie und Atomphysik. Berühmt wurde ein nach ihm benanntes Theorem aus dem Jahre 1927, das einen Zusammenhang zwischen der Quantentheorie und der klassischen Newtonschen Physik herstellt. Ehrenfest nahm sich in Amsterdam das Leben.

Relativitätstheorie. Der Physikhistoriker John Stachel spricht von einem *missing link* bei der Rekonstruktion des Ideengebäudes. Einstein äußerte sich in einem Brief an Sommerfeld: »Die Behandlung des gleichförmig rotierenden starren Körpers scheint mir von grosser Wichtigkeit wegen einer Ausdehnung des Relativitätsprinzips auf gleichförmig rotierende Systeme.«

Dieses Paradoxon löst sich erst auf, wenn man gekrümmte Räume betrachtet, in denen nicht die ebene, euklidische Geometrie gilt. Bis dahin war es aber noch ein weiter Weg. Viel später stellte sich Einstein die Frage, warum er weitere sieben Jahre für die Aufstellung der Allgemeinen Relativitätstheorie benötigt hatte. »Der hauptsächliche Grund liegt darin, dass man sich nicht so leicht von der Auffassung befreit, dass den Koordinaten eine unmittelbare metrische Bedeutung zukommen müsse.« Anders gesagt: Es schien lange undenkbar, dass eine andere als die euklidische Geometrie den Raum beschreiben könnte.

Eine Zeit lang konnte sich Einstein diesem Problem offenbar nicht eingehend widmen, doch während seiner Zeit in Prag fand er wieder Zeit und Muße dazu. Im Juni 1911 reichte er bei den ›Annalen‹ eine Arbeit ein. Grund dafür war die Hoffnung, dass man die Lichtablenkung im Schwerefeld der Sonne würde messen können. Von der Erde aus gesehen scheint die Himmelsposition eines Sterns, dessen Licht auf dem Weg zur Erde nahe am Sonnenrand vorbeiläuft, gegenüber seiner normalen Position etwas verschoben, da das menschliche Auge den Lichtstrahl geradlinig zurück an den Himmel projiziert. Um diesen Effekt zu messen, müsste man die Positionen einer Reihe von Sternen bestimmen, die während einer totalen Sonnenfinsternis in der Umgebung unseres Tagesge-

Am Sonnenrande müsste diese Ablenkung 0,84" betragen.
Einstein an George Hale, 1913

19 Prinzip der Ablenkung von Lichtstrahlen in einem Gravitationsfeld

stirns sichtbar werden. Diese Werte müssten dann mit den ungestörten Positionen derselben Sterne am Nachthimmel verglichen werden. Hierfür wäre eine zweite Messung in etwa einem halben Jahr Abstand nötig.

Einsteins Rechnungen ergaben eine Ablenkung der Position eines Sterns unmittelbar am Sonnenrand um 0,84 Bogensekunden – ein kleiner, aber durchaus messbarer Wert. Seine Veröffentlichung endete daher mit der Aufforderung: »Es wäre dringend zu wünschen, dass sich Astronomen der hier aufgerollten Frage annähmen, auch wenn die im vorigen gegebenen Überlegungen ungenügend fundiert oder gar abenteuerlich erscheinen sollten.« Über einige Umwege gelangte Einstein an Erwin Freundlich, einen Assistenten an der Königlichen Preußischen Sternwarte in Berlin. Ihn versuchte er von einer solchen Beobachtung zu überzeugen. Am 1. September 1911 schrieb ihm Einstein: »Aber eines kann immerhin mit Sicherheit gesagt werden: Existiert keine solche Ablenkung, so sind die Voraussetzungen der Theorie nicht zutreffend. … Die Natur hat es sich nicht angelegen sein lassen, uns die Auffindung ihrer Gesetze bequem zu machen.« Für Erwin Freundlich wurde Einsteins »Spintisiererei«, wie er es selbst nannte, zu einer Lebensaufgabe. Doch letztlich blieb es einem anderen vorbehalten, das *experimentum crucis* 1919 erfolgreich auszuführen.

Im Februar und März 1912 reichte Einstein bei den ›Annalen‹ zwei Arbeiten über statische, also zeitlich unveränderliche Gravitationsfelder ein. Hierin beschäftigte er sich mit der Frage, wie sich in gleichförmig bewegten einerseits und beschleunigten Systemen andererseits Längen messen lassen. Ist es zulässig, Maßstäbe aus dem einen System in das andere zu

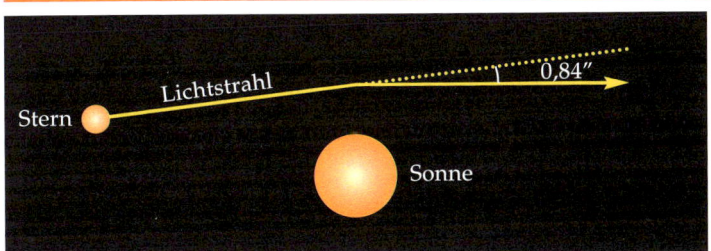

übertragen? Er gibt zu bedenken, dass dies höchst wahrscheinlich nicht möglich ist, da in einem gleichförmig rotierenden System wegen der Lorentz-Kontraktion das Verhältnis des Kreisumfangs zum Durchmesser von π verschieden sei muss. In diesen beiden Arbeiten rückt Einstein von der Prämisse ab, die Lichtgeschwindigkeit sei konstant. Stattdessen macht er die Annahme, sie sei abhängig von der Stärke der Gravitation. »Jeder Schritt ist verteufelt schwierig, und das bis jetzt abgeleitete gewiss noch das einfachste«, schrieb er Michele Besso. Und Ludwig Hopf berichtete er überschwänglich: »Die Theorie der Gravitation habe ich für das statische Feld nun in aller Strenge hergeleitet. Die Sache ist wunderschön und verblüffend einfach.«

Dass die Sache so wunderschön nicht sein konnte, hatte er indes bereits nach der ersten Arbeit erkannt. Nur zwei Wochen nachdem sie bei den ›Annalen‹ eingegangen war, hatte er einen Fehler gefunden und Wilhelm Wien gebeten, ihm das Manuskript zurückzuschicken. Dann entschied er aber doch anders. »Es ist zwar nicht alles haltbar, was in der Arbeit steht. Aber ich glaube die Sache doch so lassen zu sollen, damit diejenigen, welche sich für das Problem interessieren, sehen, wie ich zu den Formeln gekommen bin. Dieses Gravitationsproblem ist hochinteressant.«

Diese erste Euphorie nach dem Erlangen eines Resultates ist typisch für Einstein. Obwohl er in seinem Leben so oft vermeintliche Erfolge wieder zurücknehmen musste, legte er diese Art nie ab, auch nicht in den späten Jahren, als er sich erfolglos mit der einheitlichen Feldtheorie beschäftigte. Im Frühjahr 1912 war er noch weit von der Allgemeinen Relativitätstheorie entfernt.

Ich hatte Gelegenheit, die Klarheit seines Geistes, die Weite seiner Sachkenntnis und die Tiefe seines Wissens zu würdigen. ... [Man ist] durchaus berechtigt, die höchsten Hoffnungen in ihn zu setzen und in ihm einen der führenden Theoretiker der Zukunft zu sehen.

Marie Curie, 1911

Wieder in Zürich

Als Einstein den Lehrstuhl in Prag bekommen hatte, war er bereits ein gefragter Mann. Deshalb ist es auch nicht verwunderlich, dass er kaum ein halbes Jahr nach seiner Ankunft bereits ein neues Angebot erhielt, dieses Mal von der Universität Utrecht. Einstein verhandelte längere Zeit, doch er hoffte bereits auf eine bessere Stelle. Das Polytechnikum war 1911 in die Eidgenössische Technische Hochschule (ETH) Zürich umgewandelt worden, wodurch einige Professorenstellen entstanden waren. Einstein hatte eine Einladung nach Zürich angenommen, um dort Vorträge zu halten. Bei dieser Gelegenheit sprach er auch mit Heinrich Zangger und Marcel Grossmann, der der Abteilung VIII der ETH vorstand, über eine mögliche Berufung. Die beiden Freunde setzten alle Hebel in Bewegung, um Einstein an die ETH zu holen. Positive Gutachten von Marie Curie und Henri Poincaré taten ihr Übriges, um den Bundesrat von der Eignung des ehemaligen Studenten vom Poly zu überzeugen. Ende Januar 1912 stimmte der Rat zu. Finanziell lohnte sich der Wechsel. Einstein erhielt das an der ETH höchst mögliche Jahresgehalt von 10 000 Schweizer Franken plus eine Zulage von 1000 Franken. Kleinere Beträge aus dem Schulgeld und den Zuhörerhonoraren kamen noch hinzu.

Im Juli 1912 zog die Familie Einstein wieder zurück nach Zürich. Das Intermezzo in Prag hatte nur gut ein Jahr gedauert, und auch der Aufenthalt in Zürich sollte sich nur als Übergangsphase mit zweijähriger Dauer erweisen.

In seiner ehemaligen Studienstadt konnte er wieder aufatmen. Privat knüpfte er an die Tradition der entspannenden Hausmusikabende bei Familie Hurwitz an, auf wissenschaftlicher Seite hatte er Kollegen um sich, mit denen sich trefflich

> Nun kann ich bald wieder meine Bude in Zürich aufschlagen zu meiner grossen Freude. So gut ich es äusserlich hier hatte, ich konnte das Gefühl nicht loswerden, in einer Art Verbannung zu sein.
>
> *In einem Brief an Carl Schröter, dem Präsidenten der Naturforschenden Gesellschaft Zürich (1912)*

diskutieren ließ. Im Oktober wurde zudem sein Freund Max von Laue an die ETH berufen.

Laue hatte bei einer wissenschaftlichen Diskussion die Vermutung geäußert, man könne das regelmäßige Atomgitter eines Kristalls eventuell als Beugungsgitter für Röntgenstrahlen verwenden. Laue konnte zwei junge Kollegen, Walther Friedrich und Paul Knipping, davon überzeugen, diese Hypothese im Labor zu überprüfen. Nachdem sie die Widerstände ihrer Vorgesetzten Sommerfeld und Röntgen überwunden hatten, gelang ihnen das Experiment tatsächlich an einem Kupfersulfatkristall. Sie durchstrahlten den Kristall mit Röntgenlicht und zeichneten dahinter auf einer Fotoplatte ein regelmäßiges Punktmuster auf. Es spiegelte die Anordnung der Atome im Kristallgitter wider.

Laue formulierte umgehend seine Theorie, die noch heute als Grundlage seiner Methode gilt. Damit hatte er bewiesen, dass Röntgenstrahlen genau so wie Licht elektromagnetische Wellen sind. Gleichzeitig lässt sich die Methode einsetzen, um die atomare räumliche Struktur kristalliner Materialien zu untersuchen. Als Einstein die Beugungsaufnahmen noch zu seinen Prager Zeiten sah, war er begeistert. Überschwänglich gratulierte er Laue: »Ihr Experiment gehört zum Schönsten, was die Physik je erlebt hat.« Es war typisch für Einstein, Kollegen neidlos und von ganzem Herzen zu ihren Erfolgen zu gratulieren, wenn er es für angebracht hielt. Laue bewies zwei Jahre später ebenfalls eine honorige Gesinnung, als er den Nobelpreis für Physik erhielt und Friedrich und Knipping ein Drittel des Preisgeldes abtrat.

Was seine Lebensgewohnheiten anbelangte, so war Einstein auf dem besten Wege, sich zu ruinieren: »Diät: Rauchen

---

Max von Laue (9.10.1879 – 24.4.1960) studierte an mehreren Universitäten, bevor er bei Max Planck in Berlin 1903 promovierte und sich 1906 habilitierte. Ab 1909 war er Privatdozent in München. Dort gelang ihm die grundlegende theoretische Arbeit zur Röntgenbeugung an Kristallen, wofür er 1914 den Physik-Nobelpreis erhielt. 1912 ging er an die ETH Zürich, wechselte aber schon zwei Jahre später an die Universität Frankfurt. 1919 ging er schließlich nach Berlin, wo er an der Seite Max Plancks bis zu seiner Emeritierung im Jahre

wie ein Schlot, Arbeiten wie ein Ross, Essen ohne Überlegung und Auswahl, Spazierengehen nur in wirklich angenehmer Gesellschaft, also leider selten, schlafen unregelmässig etc«, gestand er seiner Cousine Elsa. Der Grund für Einsteins Arbeitswut war die Suche nach einer neuen Gravitationstheorie.

Auf das Problem waren mittlerweile auch andere Theoretiker aufmerksam geworden, beispielsweise Max Abraham. Er hatte schon im Januar 1912, als Einstein in Prag noch an seiner ersten Veröffentlichung über das statische Gravitationsfeld arbeitete, eine eigene Theorie vorgestellt. Auch Abraham spielte mit dem Konzept einer veränderlichen Lichtgeschwindigkeit, jedoch in einem anderen physikalischen Zusammenhang. Nach den Veröffentlichungen von Abraham und Einstein kam es zu einem heftigen Disput zwischen den beiden Kontrahenten, den sie sowohl öffentlich als auch in ihrer Korrespondenz austrugen. Seinem Freund Michele Besso schrieb Einstein im März 1912: »Abrahams Theorie ist aus dem hohlen Bauch, d. h. aus blossen mathematischen Schönheitserwägungen geschöpft und vollständig unhaltbar. Ich kann gar nicht begreifen, wie sich der intelligente Mann zu solcher Oberflächlichkeit hat hinreissen lassen können. Im ersten Augenblick (14 Tage lang!) war ich allerdings auch ganz ›geblüfft‹ durch die Schönheit und Einfachheit seiner Formeln.« In der Tat konnte Einstein im Juli einen inneren Widerspruch in Abrahams Theorie nachweisen. Abraham konterte, Einsteins Theorie beruhe »auf schwankendem Grunde«. Im September beendete Einstein die öffentlich in den ›Annalen‹ geführte Diskussion mit der kurzen Notiz: »Da jeder von uns beiden seinen Standpunkt mit der nötigen

---

1943 blieb. Während der Nazizeit war er einer der wenigen deutschen Physiker, die Zivilcourage bewiesen und zu den Machthabern auf Distanz gingen. 1945 gehörte er zu der Gruppe deutscher Atomphysiker, welche die Engländer auf dem Landsitz Farm Hall internierten. Nach dem Krieg war er Professor in Göttingen und Direktor des Max-Planck-Instituts für Physikalische Chemie und Elektrochemie (heute Fritz-Haber-Institut) in Berlin.

Ausführlichkeit vertreten hat, halte ich es nicht für nötig, auf Abrahams vorliegende Notiz wieder zu antworten. Ich möchte hier einstweilen den Leser nur darum ersuchen, mein Schweigen nicht als Einverständnis zu deuten.«

Trotz aller inhaltlicher Kontroversen schätzte Einstein Max Abraham auch weiterhin als fähigen Physiker. Kurze Zeit nach diesem Disput empfahl Einstein ihn sogar als Nachfolger von Peter Debye, der den Lehrstuhl für Theoretische Physik an der Universität Zürich inne hatte. Letztlich zog Einstein sogar eine wichtige Lehre aus Abrahams Arbeit. Der hatte nämlich die vierdimensionale Formulierung der Relativitätstheorie verwendet, wie sie Minkowski wenige Jahre zuvor eingeführt hatte und war insofern mit modernen Methoden vorgegangen als Einstein. Der wollte als nächstes seine bisherige Theorie von statischen auf nicht-statische Felder erweitern. Dabei kam ihm die Idee, das mathematische Konzept nicht-euklidischer Geometrien, sprich gekrümmter Räume, zur Beschreibung der Raumzeit zu verwenden.

Einsteins erste Versuche, die Feldtheorien der Gravitation zu finden, ließen sich erst Anfang bis Mitte der 1990er Jahre rekonstruieren. Grundlage der Forschungen waren Aufzeichnungen in einem Notizbuch, das Einstein von Sommer 1912 bis Frühjahr 1913 in Zürich führte. Sie erlaubten eine Rekonstruktion von Einsteins Arbeitsweise und enthüllten überraschend, dass er bereits gegen Ende 1912 die richtigen Feldgleichungen gefunden hatte. Er verwarf sie aber wieder und suchte einen neuen Lösungsweg.

Auffällig an Einsteins damaligem Vorgehen war eine Art Doppelstrategie. Zeitweilig probierte er mathematische Hilfsmittel aus, mit denen er das entsprechende Problem zu lösen

---

Das **Züricher Notizbuch** besteht aus 84 Seiten, die fast ausschließlich Formeln und wenige Stichwörter zur Gravitation enthalten. Viele durchgestrichene Passagen zeugen eindrücklich von Einsteins Ringen um die endgültige Form der Gravitationstheorie. Kurioser-

hoffte und suchte anschließend nach der physikalischen Bedeutung des Ausdrucks. In anderen Fällen ging er von physikalischen Annahmen aus, die seiner Meinung nach in einer Gravitationstheorie erfüllt sein müssten und suchte dann nach geeigneten mathematischen Operatoren. Im Laufe der Jahre pendelte Einstein zwischen diesen Strategien hin und her, bis er im November 1915 die richtige Lösung gefunden hatte.

Einstein musste zunächst das mathematische Werkzeug finden, um Geometrie in gekrümmten Räumen betreiben zu können. Hierfür eignete sich prinzipiell die Gaußsche Flächentheorie. Sie ermöglichte es, das Krümmungsmaß einer Fläche zu berechnen. Eine Fläche besitzt zwei Dimensionen, Einsteins Theorie hingegen basierte auf der vierdimensionalen Raumzeit. Er musste deshalb die 1854 von Bernhard Riemann in Göttingen entwickelte Verallgemeinerung der Gaußschen Theorie auf beliebig viele Dimensionen verwenden. Die Riemann-Geometrie galt lange Zeit als äußerst kompliziert, und sie wurde auch nicht benötigt. Daher beschäftigten sich nur sehr wenige Mathematiker mit ihr. Elwin Bruno Christoffel, Professor an der ETH, war einer von ihnen. Er hatte 1869 ein mathematisches Instrument gefunden, das Einstein für seine Arbeiten benötigte. Schließlich sollte noch eine 1901 von Gregorio Ricci und Tullio Levi-Civita veröffentlichte Arbeit über Differentialkalküle für Einstein eine entscheidende Bedeutung erlangen. Mit Levi-Civita entspann sich im Frühjahr 1915 ein intensiver Briefwechsel.

Aus heutiger Sicht war damit das gesamte mathematische Rüstzeug für die Allgemeine Relativitätstheorie bereits vorhanden. Aber es war Einstein genauso wie allen anderen

---

weise beschrieb Einstein die Kladde sowohl von der Vorder- als auch von der Rückseite, so dass die Notizen gegeneinander und auf dem Kopf stehend etwa nach dem Viertel des Buches zusammentreffen. Vermutlich wandte er diese Technik an, um bestimmte Gedankengänge nicht mit Notizen zu anderen Themen zu unterbrechen. In geradezu detektivischer Kleinarbeit ließ sich die zeitliche Abfolge der Eintragungen nur aufgrund einer Entwicklung der von Einstein verwandten mathematischen Werkzeuge rekonstruieren.

Physikern unbekannt. Er musste zunächst einmal herausfinden, dass er diese Methoden überhaupt brauchte und musste dann mühsam die Arbeitsweise mit ihnen erlernen.

Einstein stellte mehrere physikalische Forderungen an seine Theorie, die aus der klassischen Physik bekannt waren. Oberstes Prinzip war und blieb die Äquivalenz von schwerer und träger Masse bzw. Schwerkraft und Beschleunigung. Ferner sollte die klassische Newtonsche Theorie als Grenzfall in der neuen Gravitationstheorie enthalten sein. Außerdem sollte das Galileische Prinzip weiterhin gelten, wonach in einem Gravitationsfeld alle Körper gleich schnell fallen, und Energie und Impuls sollten im Gravitationsfeld erhalten bleiben. Aus mathematischer Sicht war das Prinzip der Kovarianz ausschlaggebend. Es besagte, dass die physikalischen Gesetze in jedem beliebigen Bezugssystem unverändert gelten. Ein solches Problem behandelt man mathematisch mit Tensoren.

Einsteins anfängliche Versuche verliefen alle im Sand. Ganz offensichtlich war er in dieser ersten Phase noch nicht ausreichend mit der notwendigen höheren Mathematik vertraut. Es wurde ihm klar, dass er so nicht weiterkommen würde. In seinem Notizbuch ist diese Station deutlich erkennbar. Er kehrte es nämlich um und begann unter der Überschrift »Gravitation« von neuem. Seine Versuche, das Problem unter Berücksichtigung aller physikalischen und mathematischen Randbedingungen zu lösen, misslangen aus heutiger Sicht deswegen, weil er den Riemann-Tensor noch nicht kannte.

Einstein hatte sich heillos verrannt und wusste keinen Ausweg aus dem mathematischen Irrgarten. In seiner Not wandte

---

Ausgangspunkt von Einsteins Überlegungen war die **Newtonsche Gravitationsgleichung.** In ihr steht auf der linken Seite der Gleichung die zweite Ableitung des Gravitationspotentials (genauer die Anwendung des Laplace-Operators auf das Potential) und auf der rechten die Materiedichte als Quelle des Schwerkraftfeldes. Analog erwartete Einstein auf der linken Seite seiner Gleichung einen auf den metrischen Tensor angewandten Differentialoperator zweiter Ordnung und auf der rechten die Quellen des Gravitationsfeldes. Diese mussten

er sich an seinen Freund Marcel Grossmann, der an der ETH Geometrie lehrte: »Grossmann, du musst mir helfen, sonst werd' ich verrückt!« Und Grossmann wusste die Lösung. Er durchschaute Einsteins mathematisches Problem und machte ihn auf den Riemann-Tensor sowie die Arbeiten von Ricci und Levi-Civita aufmerksam. Diese glückliche Wendung lässt sich unmittelbar im Züricher Notizbuch ablesen. Auf Seite 27 findet sich der Eintrag: »Grossmann Tensor vierter Mannigfaltigkeit.« Das muss im Frühherbst 1912 gewesen sein, denn dem Astronom Erwin Freundlich schrieb er im Oktober: »Meine theoretischen Bemühungen schreiten nun nach unbeschreiblich mühseligem Suchen rüstig fort, so dass alle Aussicht vorhanden ist, dass die Gleichungen der allgemeinen Dynamik der Gravitation bald aufgestellt sein werden.«

Nichts und niemand konnte ihn in dieser Zeit von seinen Forschungen an der Gravitationstheorie abbringen. Ende Oktober 1912 bekam Arnold Sommerfeld einen Vorgeschmack von Einsteins kompromissloser Schaffenswut zu spüren. Als er ihn zu einer Vortragsreihe über Probleme der Quantentheorie einlud, lehnte Einstein mit den Worten ab, er wisse »in der Quantensache nichts Neues zu sagen. ... Ich beschäftige mich jetzt ausschließlich mit dem Gravitationsproblem und glaube nun mit Hilfe eines hiesigen befreundeten Mathe-

gemäß seiner Formel $E = mc^2$ nicht nur Materie, sondern auch jede Form von Energie enthalten.

20 Einstein notiert in seinem Züricher Notizbuch den entscheidenden Hinweis von Marcel Grossmann auf den Riemann-Tensor.

matikers aller Schwierigkeiten Herr zu werden. Aber das eine ist sicher, dass ich mich im Leben noch nicht annähernd so geplagt habe, und dass ich grosse Hochachtung für die Mathematik eingeflösst bekommen habe, die ich bis jetzt in ihren subtileren Teilen in meiner Einfalt für puren Luxus ansah! Gegen dies Problem ist die ursprüngliche Relativitätstheorie eine Kinderei.« Enttäuscht berichtete Sommerfeld seinem Kollegen David Hilbert in Göttingen: »Einstein steckt offenbar so tief in der Gravitation, daß er für alles andere taub ist.« So war es auch. Das änderte sich auch nicht, als ihn Max Planck warnte: »Als alter Freund muß ich Ihnen davon abraten, weil sie einerseits nicht durchkommen werden; und wenn Sie durchkommen, wird Ihnen niemand glauben.«

Und dann geschah etwas sehr Bemerkenswertes. Über 20 Seiten des Notizbuches hinweg lässt sich genau verfolgen, wie Einstein versuchte, aus dem Riemann-Tensor den richtigen Gravitationstensor der späteren Allgemeinen Relativitätstheorie zu konstruieren. Schließlich stieß er auch tatsächlich auf die richtigen Gleichungen – und verwarf sie wieder. Hierfür gibt es mehrere Ursachen. So fiel es Einstein zu dieser Zeit noch schwer, die mathematischen Objekte des neuen Formalismus mit Begriffen der klassischen Physik zu identifizieren. Insbesondere war es so, dass sich seine Theorie in starken Schwerkraftfeldern von der Newtonschen deutlich

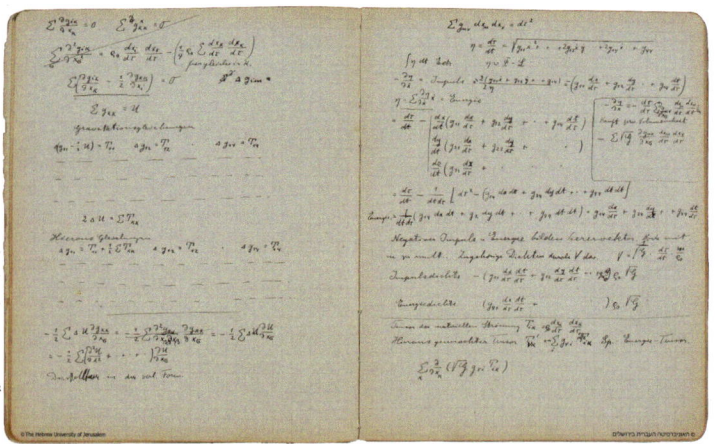

unterscheiden sollte. Je weiter man sich jedoch von großen Materieansammlungen entfernte, je schwächer also das Schwerefeld war, desto mehr sollten sich die beiden Theorien einander annähern und schließlich, im schwerkraftfreien Raum, identisch sein. In dieser Phase gelang es Einstein nicht, die Newtonschen Gleichungen als Grenzfall der neuen Theorie aus seinen Feldgleichungen herzuleiten.

Wie er erst drei Jahre später herausfand, geschieht dieser Übergang aus mathematischer Sicht nicht auf der Ebene der Feldgleichungen für das Gravitationsfeld, sondern erst in einem zweiten Schritt bei den Bewegungsgleichungen für Materie im Gravitationsfeld. Einstein hatte bereits den umwölkten Olymp erklommen, war aber irrigerweise wieder ins Tal abgestiegen.

Einstein gab den Lösungsweg mit dem Riemann-Tensor auf und wandte sich einer anderen Möglichkeit zu, die er schon früher erwogen und wieder verworfen hatte. Bis zum Frühjahr 1913 arbeitete er eine neue Theorie aus, die er dann als ›Entwurf einer verallgemeinerten Relativitätstheorie und einer Theorie der Gravitation‹ an den Teubner-Verlag schickte. Dort erschien das 35 Seiten umfassende Werk im folgenden Monat. Es bestand aus zwei Teilen, wobei Einstein für den physikalischen und Grossmann für den mathematischen Teil verantwortlich zeichneten. »Ich bin nun innerlich überzeugt, das Richtige getroffen zu haben, zugleich freilich auch, dass ein Murmeln der Entrüstung durch die Reihen

21 Diese Seite aus dem Züricher Notizbuch beweist, dass Einstein bereits 1912 die richtigen Gleichungen der Allgemeinen Relativitätstheorie gefunden hatte.

Nach Nordström besteht wie bei mir eine Rotverschiebung der Sonnenspektrallinien, aber keine Krümmung der Lichtstrahlen im Gravitationsfeld. Die Untersuchungen bei der nächsten Sonnenfinsternis müssen zeigen, welche von beiden Auffassungen den Thatsachen entspricht. Auf theoretischem Wege lässt sich da nichts machen. In dieser Sache könnt ihr Astronomen nächstes Jahr der theor. Physik einen geradezu unschätzbaren Dienst leisten. *Einstein an Erwin Freundlich, August 1913*

der Fachgenossen gehen wird, wenn die Arbeit erscheint«, schrieb er seinem Freund Ehrenfest.

Das »Murmeln der Entrüstung« hatte Einstein wohl wegen der Kompliziertheit der Feldgleichungen befürchtet. Tatsächlich sollte es wenig später noch schlimmer werden. In dem Entwurf konnten Grossmann und Einstein nicht herausfinden, für welche Fälle die Gleichungen kovariant waren. Wenige Monate später wussten sie es: Im Rahmen dieser Theorie konnte es allgemein kovariante Feldgleichungen gar nicht geben. Das widersprach eklatant einer der wichtigsten Voraussetzungen, wonach die physikalischen Gesetze in allen Systemen unverändert gelten sollten. Im Grunde hätte Einstein damit seinen Traum einer Allgemeinen Relativitätstheorie aufgeben müssen. Dennoch schrieb er Ludwig Hopf, er sei mit der Gravitationstheorie sehr zufrieden.

Den Unmut seiner Kollegen bekam Einstein auch bei einem Vortrag zu spüren, den er vor 350 Zuhörern der Gesellschaft deutscher Naturforscher und Ärzte im September 1913 in Wien hielt. Nur sehr wenige vermochten seinen Ausführungen zu folgen, denn neben sehr anschaulichen Beispielen war die Rede mit anspruchsvoller Physik und Mathematik garniert. Im Anschluss an den Vortrag meldete sich Gustav Mie, Professor an der Universität Greifswald, zu Wort. Ihm ging es zunächst einmal um eine Prioritätenfrage. Er hielt es für notwendig festzuhalten, dass »Abraham der erste gewesen ist, der einigermaßen vernünftige Gleichungen für die Gravitation aufgestellt hat«. Und dann war es ihm auch wichtig festzuhalten, dass er selbst eine Gravitationstheorie entwickelt habe. Für Einstein war Mies Theorie indes inakzeptabel, weil sie das Äquivalenzprinzip nicht erfüllte.

Unter **Kovarianz** versteht man in der Physik die Unabhängigkeit der Naturgesetze vom Bewegungszustand des Experimentators, sprich des Bezugssystems. Um dies physikalisch zu gewährleisten, müssen die Gesetze als Tensorgleichungen formuliert sein. Ein **Tensor** ist ein mathematisches Instrument, mit dem man eine lineare Abbildung mit bestimmten Transformationseigenschaften vornimmt.

Auch Abrahams Theorie lehnte er ab, ebenso wie eine ähnliche von Gunnar Nordström, einem Professor in Helsinki. Einstein verwies schließlich auf das *experimentum crucis:* die Lichtablenkung im Schwerefeld der Sonne.

Einstein war mittlerweile geradezu versessen auf diese astronomische Beobachtung, weswegen er ständig mit Erwin Freundlich Kontakt hielt.

Die für das Experiment notwendigen totalen Sonnenfinsternisse sind selten und treten mitunter in Gebieten auf, die für astronomische Präzisionsbeobachtungen, wie sie zur Überprüfung von Einsteins Vorhersagen nötig waren, ungeeignet sind. Daher wandte sich Einstein wenige Wochen nach der Salzburger Tagung an den Direktor des Mount-Wilson-Observatoriums in Kalifornien, George Ellery Hale, mit der Frage, »bis zu wie grosser Sonnennähe helle Fixsterne bei Anwendung der stärksten Vergrösserung bei Tage (ohne Sonnenfinsternis) gesehen werden können«. Hale leitete die Anfrage an seinen Kollegen vom Lick-Observatorium, William Wallace Campbell, weiter. Drei Wochen später konnte er Einstein keine Hoffnung auf Erfolg machen. Zumindest konnte Einstein Campbell davon überzeugen, Erwin Freundlich alte Aufnahmen von Sonnenfinsternissen zur Verfügung zu stellen. Gleichzeitig wollte Campbell den Plan unterstützen, nach der Lichtablenkung während einer Sonnenfinsternis zu suchen.

Es gab noch eine weitere Möglichkeit, die Gravitationstheorie zu überprüfen, und zwar anhand eines alten Problems der Astronomen, der so genannten Periheldrehung der Merkurbahn. Schon Ende 1907 hatte Einstein in einem Brief an Conrad Habicht die Hoffnung geäußert, hierfür eine Lösung zu finden. Dabei ging es um Folgendes: Der innerste

---

Im September 1913 erhielt Einstein von **Erwin Freundlich** Besuch. An die Szene, als Einstein ihn vom Bahnhof abholte, erinnerte sich Freundlich lebhaft, denn auf dem Bahnsteig stand eine »unordentliche Gestalt in einem ziemlich legeren Aufzug, die einen auffallenden Strohhut trug.«

Planet Merkur umkreist die Sonne auf einer elliptischen Bahn. Allerdings ist diese Ellipse nicht in sich geschlossen. Dies hat zur Folge, dass der sonnennächste Punkt (das Perihel) um $1\frac{1}{2}$ Grad pro Jahrhundert um unser Zentralgestirn herumwandert. Dieses Phänomen war bereits seit etwa 1860 bekannt und konnte im Rahmen der Newtonschen Theorie nicht vollständig beschrieben werden. Teilweise ließ es sich damit erklären, dass nicht nur die Sonne mit ihrer Schwerkraft auf Merkur einwirkt, sondern auch die anderen Planeten. Doch selbst, wenn man dies berücksichtigte, blieb immer noch ein kleiner, unerklärlicher Rest von 43 Bogensekunden (etwa $\frac{1}{80}$ Grad) pro Jahrhundert übrig.

Einstein vermutete, dass der unerklärbare Rest der Periheldrehung in der Unzulänglichkeit der Newtonschen Gravitationstheorie begründet war. Eine neue Gravitationstheorie müsste dieses Problem lösen können. Mit diesen Gedanken besuchte Einstein seinen Freund Michele Besso. Beide versuchten, auf der Grundlage der Einstein-Grossmannschen Arbeit die Periheldrehung zu berechnen. Mehrere Monate lang arbeiteten sie an dem Problem, wobei sie sich teilweise die Manuskripte hin und her schickten. Letztlich blieb es bei einem unveröffentlichten Manuskript, weil die neue Theorie einen zu kleinen Wert für die Periheldrehung ergab. Auf dieses Problem sollte Einstein später zurückkommen.

Die überwiegende Zahl der Physiker interessierte sich nicht für Einsteins neue Leidenschaft. »Zur Gravitationsarbeit verhält sich die physikalische Menschheit ziemlich passiv. Das meiste Verständnis hat wohl Abraham dafür. Er schimpft zwar ... kräftig über alle Relativität, aber mit Verstand«, berichtete er Michele Besso. Und etwas später: »Laue ist den prinzipiel-

---

Haarbürste wird regelmässig verwendet, auch sonst verhältnismässig ordentliche Reinigung. Sonstiger Lebenswandel so so la la. Zahnbürste aus ächt wissenschaftlichen Erwägungen betreffend die Gefährlichkeit der Schweinsborste wieder in Ruhestand versetzt: Schweinsborste bohrt Diamanten durch; wie sollten also meine Zähne ihr widerstehen?

Einstein an Elsa, November 1913

len Erwägungen nicht zugänglich, Planck auch nicht, eher Sommerfeld.« Laue lehnte das Äquivalenzprinzip ab und befürchtete, dass sich die Lichtablenkung nie würde nachweisen lassen, weil sich ein beobachteter Effekt stets auch mit der Brechung des Lichts in der Sonnenatmosphäre erklären ließe. Doch das machte Einstein nicht viel aus: »Die Kontroversen machen mir Vergnügen. Figaro-Stimmung: ›Will der Herr Graf ein Tänzlein wagen? Er solls mir sagen! Ich spiel ihm auf.‹«

Immer weniger Vergnügen bereitete ihm indes die Ehe. Ende 1913 schrieb er seiner Cousine Elsa, er habe nun sein eigenes Schlafzimmer und vermeide es, mit Mileva allein zu sein. Er behandle sie »wie eine Angestellte, der ich allerdings nicht kündigen kann«. Zu diesem Zeitpunkt hatte er sich innerlich von Mileva gelöst und wäre lieber heute als morgen mit seiner Cousine Elsa zusammengezogen. Doch das wagte er nicht zu hoffen. Sehnsüchtig schrieb er ihr: »Das Schönste sollen unsere Spaziergänge im Grunewald sein und bei schlechtem Wetter unsere Zusammenkünfte auf Deinem Zimmer.« Schon bald sollten diese rosigen Zukunftsträume wahr werden.

Im Juli hatte ihn nämlich die Akademie der Wissenschaften zu Berlin als ordentliches Mitglied gewählt und auf eine mit 12 900 Mark Jahresgehalt ausgestattete Stelle berufen. Der Entscheidung vorausgegangen war ein Besuch von Planck und Nernst im März 1913, um bei Einstein vorzufühlen, ob er Interesse an einem neuerlichen Wechsel hätte. Einstein sagte sofort zu, wobei die Aussicht, Elsa nahe sein zu können, nicht unwesentlich zu seiner Entscheidung beitrug. Äußerst verlockend war für ihn allerdings auch, dass er in Berlin keine Lehrveranstaltungen abhalten musste. »Ostern

> Die Natur zeigt uns von dem Löwen zwar nur den Schwanz. Aber es ist mir unzweifelhaft, dass der Löwe dazu gehört, wenn er sich wegen seiner ungeheuren Dimensionen dem Blicke nicht unmittelbar offenbaren kann.
>
> *Einstein an Heinrich Zangger*
> *über die Gravitationstheorie, März 1914*

gehe ich nämlich nach Berlin als Akademie-Mensch ohne irgendwelche Verpflichtung, quasi als lebendige Mumie. Ich freue mich auf diesen schwierigen Beruf!«, berichtete er Jakob Laub.

Während Einstein voller Erwartung dem Wechsel in die deutsche Reichshauptstadt entgegensah, hegte Mileva die schlimmsten Befürchtungen. »Meine Frau heult mir unausgesetzt vor von Berlin und ihrer Angst vor den Verwandten. Sie fühlt sich verfolgt und hat Angst«, schrieb er Elsa. Einstein musste allerdings auch zugeben, dass seine Mutter »als Schwiegermutter ein wahrer Teufel« sei. Den Ehekrieg schilderte er Elsa mit drastischen Worten und bezeichnete seine Frau als »unfreundliche humorlose Kreatur« und »sauersten Sauertopf, den es je gab«. Das hinderte ihn indes nicht daran, Mileva im Dezember 1913 auf Wohnungssuche nach Berlin zu schicken: »Die Sache mit der Wohnung ist mir wurst. Sie soll selber fahren und eine suchen nach ihrem Geschmack.« Unterstützt von Fritz Haber und dessen Frau Clara fand Mileva ein geräumiges Domizil in Dahlem, nahe am erst kurz zuvor gegründeten Kaiser-Wilhelm-Institut für Physikalische Chemie und Elektrochemie. Einstein übersiedelte im März 1914 nach Berlin. Es begann die stürmischste Phase seines Lebens.

Der neue Newton

Einstein kam am 29. März 1914 in Berlin an. Die Reichshauptstadt zählte damals neben Paris und London zu den aufstrebenden europäischen Metropolen. Den zahlreichen Vergnügungs- und Freizeitmöglichkeiten war Einstein jedoch wenig zugeneigt. Ihm galt das gepflegte Gespräch oder das Musizieren mit Freunden stets mehr als das Amüsement in großer Gesellschaft.

Mileva folgte mit den beiden Söhnen drei Wochen später nach, da sie auf Anraten des Arztes in Locarno zur Kur gewesen war. In den nachfolgenden Monaten verschlechterte sich das Verhältnis zwischen Mileva und Albert jedoch zusehends, und im Sommer kam es zum endgültigen Zerwürfnis. Einstein verfasste schließlich ein »Memorandum«, in dem er die Ehe wie ein »loyales geschäftliches Verhältnis« vertraglich regelte. Darin legte er unter anderem fest, dass Mileva für den Haushalt zu sorgen und auf persönliche Beziehungen zu verzichten habe.

Michele Bessos Schwester Anna erinnerte sich später, Einstein habe einen Untermieter für die Wohnung gesucht, ohne Mileva davon zu unterrichten. »Also gewissermaßen, um sie fortzudrängen.« Dies führte schließlich dazu, dass Einstein vorübergehend zu seinem Onkel in die Wilmersdorfer Straße zog. Fritz und Clara Haber versuchten so gut es ging, in dieser Krise zu vermitteln und holten Mileva mit den Kindern in ihr Haus.

> Du verzichtest auf alle persönlichen Beziehungen zu mir, insoweit deren Aufrechterhaltung aus gesellschaftlichen Gründen nicht unbedingt geboten ist. ... 1) Du hast weder Zärtlichkeiten von mir zu erwarten noch irgendwelche Vorwürfe zu machen. 2) Du hast eine an mich gerichtete Rede sofort zu sistieren, wenn ich darum ersuche.
>
> *Aus dem »Memorandum« zur Ehe mit Mileva*

Während die Trennung von Mileva auf Einstein wie eine Erlösung wirkte, litt er sehr darunter, seine beiden Söhne nicht mehr um sich zu haben und vor allem sie unter dem alleinigen Einfluss Milevas zu wissen. »Nun sind sie fort für immer, und das Bild ihres Vaters in ihrem Geist wird systematisch verdorben«, schrieb er Elsa. Am 29. Juli kam das Ende. Mileva reiste mit den Kindern in Begleitung von Michele Besso nach Zürich. Dort lebte sie bis zu ihrem Tod im Jahre 1948. »Die letzte Schlacht ist geschlagen!«, schrieb er Elsa. »Ich habe gestern geweint, geheult wie ein kleiner Junge. … Haber ging mit mir zur Bahn (9 Uhr) und verbrachte dann den Abend mit mir. Ohne ihn hätte ich es nicht fertig gebracht.« Es war der Schmerz um den Verlust der Söhne. Von Mileva trennte er sich »im Groll«.

Eine Scheidung war indes nicht vereinbart. Einstein verlangte von Mileva lediglich, dass sie in der Schweiz bleiben solle. Was folgte, waren vor allem Streitereien um die Unterhaltszahlungen. Allerdings war Einstein hier wohl schuldlos, denn im September schrieb er Mileva, er würde ihr noch mehr Geld überweisen, habe selbst gar nichts mehr und müsse selbst Hilfe annehmen. Der Streit um die Finanzen sollte sich über Jahre hinziehen und sogar seinen Nobelpreis mit einbeziehen.

22
Blick auf eine der belebten Straßen Berlins

Was das einstmals so harmonische Zusammenleben zwischen Mileva und Albert auf Dauer zerrüttet hat, lässt sich nicht mehr rekonstruieren. Sicher war Einstein ichbezogen, war im Haushalt und in seiner äußeren Erscheinung oft nachlässig und stellte seine Arbeit häufig über die Ehe. Aber auch Mileva war nicht ganz einfach. Kurz nach der Trennung schilderte er Elsa die Meinung seines Freundes und Kollegen Fritz Haber so: »Er scheint überzeugt zu sein, dass Du das richtige Weibchen für mich bist. Er begreift auch vollkommen, dass ich mit Miza nicht leben konnte. Nicht ihre Hässlichkeit, sondern Starrheit, Mangel an Anpassung und Schmiegsamkeit und Weichheit, das hätte eine Verschmelzung verunmöglicht. Er hält mich für keinen Unmenschen.«

Was Elsa anbelangte, so machte ihr Einstein zunächst keine Hoffnung auf eine Heirat. Stattdessen mahnte er zunächst, was ihr Verhältnis anbelangte, zur Vorsicht in der Öffentlichkeit, damit man sie nicht als »eine Art Mörderin« ansehe. Überdies freute er sich, dass ihre »zarten Beziehungen nicht in der Spiessbürgerei untergehen müssen«.

Gleichzeitig mit Einsteins persönlicher Krise steuerte Europa auf seine vorläufig größte Katastrophe zu. Anfang August 1914 erklärte Deutschland erst Russland und dann Frankreich den Krieg, worauf England mit einer Kriegserklärung an Deutschland antwortete. Der Erste Weltkrieg hatte begonnen.

Zahlreiche Intellektuelle stellten sich begeistert hinter die Reichsregierung und eilten patriotisch zu den Fahnen. Auch in Einsteins engster Umgebung war dies nicht anders. Der ehrwürdige Max Planck rief zum Kampf gegen »die Brutstätten schleichender Hinterhältigkeit« auf, und Walther Nernst sowie Fritz Haber meldeten sich freiwillig zum Kriegsdienst.

Als **Auslöser des Ersten Weltkriegs** gilt oft die Ermordung des österreichischen Thronfolgers Franz Ferdinand am 28. Juni 1914 in Sarajevo. Entscheidend ist jedoch die Vorgeschichte, die von einem komplexen Geflecht politischer Spannungen und Rivalitäten geprägt war. So sah sich Österreich-Ungarn von einer südslawischen Nationalbewegung auf dem Balkan bedroht und nutzte das Attentat, um Serbien am 28. Juli den Krieg zu erklären. Die k. u. k.-Monarchie suchte Rückendeckung beim Deutschen Reich, das seinerseits

Sie unterschrieben auch im September den ›Aufruf an die Kulturwelt‹, in dem 93 Wissenschaftler und Künstler für die »reine Sache« und den schweren Daseinskampf, den man Deutschland aufgezwungen habe, kämpften.

Einstein zeigte sich entsetzt über diesen Fanatismus. »In solcher Zeit sieht man, welch trauriger Viehgattung man angehört«, schrieb er Paul Ehrenfest und fuhr fort: »Ich döse ruhig vor mich hin in meinen Grübeleien und empfinde nur eine Mischung aus Mitleid und Abscheu.« Auf Dauer konnte er sich jedoch nicht in sein Studierzimmer zurückziehen. Kurze Zeit nach dem ›Aufruf an die Kulturwelt‹ setzte nämlich der Mediziner Georg Friedrich Nicolai ein Gegenmanifest mit dem Titel ›Aufruf an die Europäer‹ auf, in dem der Krieg abgelehnt wurde. Neben Einstein fanden sich nur sehr wenige Unterzeichner. Es war Einsteins erste öffentliche Äußerung als Pazifist und »internationaler Mensch«. Im November gehörte er sogar zu den Gründern vom »Bund Neues Vaterland«, der sich für einen raschen Friedensschluss stark machte. Sein Engagement in dieser Vereinigung, die im Februar 1916 verboten wurde, führte zu einem intensiven Gedankenaustausch mit dem Schriftsteller Romain Rolland, der in zahlreichen Schriften gegen den Krieg und für die deutsch-französische Freundschaft kämpfte. Im September 1915 trafen sich die beiden am Genfer See. Rolland notierte in seinem Tagebuch: »Er hofft auf einen Sieg der Alliierten, der die Macht Preußens und der Dynastie zerstören würde.«

Einstein machte aus seiner internationalen Gesinnung keinen Hehl. In einem Essay für ein ›Vaterländisches Gedenkbuch‹, das der Goethe-Bund herausgeben wollte, schrieb er: »Der Staat, dem ich als Bürger angehöre, spielt in meinem

Russland am 1. August und Frankreich am 3. August den Krieg erklärte. Einen Tag später wurde auch Großbritannien Kriegspartei. Am 6. April 1917 griffen die USA in den Krieg ein, wodurch die Lage Deutschlands und seiner Verbündeten hoffnungslos wurde.

Am 16. November 1914 gründeten deutsche Bürger den **Bund Neues Vaterland**. Sie wollten der Kriegsbegeisterung eine Friedenspolitik entgegenstellen. Die Ziele waren damals ein sofortiger Ausstieg aus dem Ersten Weltkrieg, Versöhnung mit allen Nachbarn, vor allem mit

Gemütsleben nicht die geringste Rolle.« Eher verglich er seine Staatsbürgerschaft mit einer »Beziehung zu einer Lebensversicherung«. Während der Goethe-Bund Einsteins übrige Äußerungen abdruckte, gingen ihm diese Ausführungen dann doch zu weit.

Der Krieg wirkte sich indes auch direkt auf seine Forschungen aus – besser gesagt auf die von Erwin Freundlich. Dem Berliner Astronomen war es nach langen Bemühungen gelungen, Geld für eine Expedition nach Russland zu bekommen. Dort ereignete sich am 21. August 1914 eine totale Sonnenfinsternis, während der Freundlich Einsteins Vorhersage der Lichtablenkung überprüfen wollte. Doch die Expedition wurde ein Opfer der ersten Kriegstage. Als Deutscher gehörte Freundlich zum Feind und wurde zusammen mit seinen Mitarbeitern eingesperrt. Einstein machte sich große Sorgen um den engagierten Astronomen, doch der wurde im September gegen russische Kriegsgefangene ausgetauscht und traf Ende des Monats wieder zu Hause ein. Ungeschoren kam hingegen eine amerikanische Gruppe unter der Leitung von William Wallace Campbell davon, die südlich von Kiew ihre Teleskope aufgebaut hatte. Doch sie hatte Pech mit dem Wetter. Dicke Wolken verdeckten in den Minuten der Finsternis den Blick auf die Sonne. So war die Chance, Einsteins Gravitationstheorie zu überprüfen, vertan. Ganz so schlimm war dies im Nachhinein gesehen nicht, denn wie sich bald herausstellen sollte, hatte Einstein für die Lichtablenkung einen zu kleinen Wert errechnet.

In dieser friedlosen Zeit legte Einstein die letzte Etappe auf dem Weg zur endgültigen Gravitationstheorie zurück. Ende September 1914 reichte er bei der Preußischen Akademie der

---

Frankreich, und Verzicht auf Gebietsforderungen. Einige Mitglieder des Bundes kannten sich aus der Deutschen Friedensgesellschaft, welche die spätere Friedens-Nobelpreisträgerin Bertha von Suttner bereits 1892 gegründet hatte. Im Jahre 1916 wurde der Bund von der Regierung verboten, bestand jedoch illegal weiter. Nach dem Krieg ging aus ihm die Deutsche Liga für Menschenrechte hervor, die sich besonders für die Verständigung mit dem französischen Volk stark machte.

Wissenschaften eine neue Arbeit ein, in der er die Grundlagen der Allgemeinen Relativitätstheorie auf einer streng formal mathematischen Ebene zusammenfasste. Doch ein Jahr später entdeckte er einen fatalen Fehler. »Ich bin nämlich«, schrieb er Erwin Freundlich am 30. September, »in der Gravitationstheorie auf einen logischen Widerspruch quantitativer Art gestossen, der mir beweist, dass in meinem Gebäude irgendwo eine rechnerische Unrichtigkeit stecken muss.« Gemäß des Äquivalenzprinzips sollten die Trägheitskräfte auf einer rotierenden Scheibe ununterscheidbar von der Schwerkraft in einem ruhenden System sein. Genau dies kam in seiner Theorie aber nicht heraus. »Ich zweifle daher nicht daran, dass auch die Theorie der Perihelbewegung an dem gleichen Fehler krankt«, schloss er weiter, wobei er sich auf die gemeinsamen Anstrengungen mit Michele Besso bezog, die Drehung der Merkurbahn zu erklären. »Ich glaube nicht, dass ich selbst imstande bin, den Fehler zu finden, da mein Geist in dieser Sache zu ausgefahrene Geleise hat.«

Trotz dieser Skepsis begann er noch einmal an jener Stelle, an der er zweieinhalb Jahre zuvor umgekehrt war. Ohne Unterlass arbeitete er nun alles noch einmal durch. Im Oktober gestand er Lorentz gegenüber einen »Irrtum« ein und im November schrieb er dem Mathematiker David Hilbert nach Göttingen, dass sein »bisheriges Beweisverfahren ein trügerisches war«. Unermüdlich arbeitete er weiter an dem Problem, griff den Faden aus dem Jahre 1912 wieder auf, als er den Riemann-Tensor verworfen hatte. Nun muss er sich auf dem richtigen Weg gesehen haben, denn am 4. November 1915 hielt er vor der Preußischen Akademie einen Vortrag, in dem er zunächst erklärte, warum seine bisherigen Versuche

---

Die Gravitationstheorie findet ihren Weg in die Köpfe der Kollegen wohl noch lange nicht. Nur einer, Levi-Civita in Padua hat den Witz wohl ganz erfasst.

Einstein an Heinrich Zangger, April 1915

in die Irre geführt hatten. »Aus diesen Gründen verlor ich das Vertrauen zu den von mir aufgestellten Feldgleichungen vollständig und suchte nach einem Wege, der die Möglichkeiten in einer natürlichen Weise einschränkte. So gelangte ich zu der Forderung einer allgemeinen Kovarianz der Feldgleichungen zurück, von der ich vor drei Jahren, als ich zusammen mit meinem Freund Grossmann arbeitete, nur mit schwerem Herzen abgegangen war. In der Tat waren wir damals der im nachfolgenden gegebenen Lösung des Problems bereits ganz nahe.« Bevor er mit dem mathematisch anspruchsvollen Teil begann, konnte er seine Begeisterung nicht verbergen und meinte, »dem Zauber dieser Theorie wird sich kaum jemand entziehen können, der sie wirklich erfaßt hat.« Viele der dort Anwesenden werden das nicht gewesen sein. Doch noch hatte er das Ziel nicht erreicht.

Schon eine Woche später trug er einen Nachtrag vor, in dem er Mutmaßungen über die Struktur der Materie im Rahmen seiner neuen Allgemeinen Relativitätstheorie anstellte. Doch der Höhepunkt war immer noch nicht erreicht. Hilbert berichtete er von Übermüdung und Magenschmerzen, und Michele Besso schrieb er atemlos: »Allgemeine kovariante Gravitationsgleichungen. Perihelbewegungen quantitativ erklärt. Rolle der Gravitation im Bau der Materie. Du wirst staunen.« Einstein hatte sich erneut des Problems der Periheldrehung des Merkurs angenommen. Und tatsächlich kam jetzt der beobachtete Wert heraus. Später erzählte Einstein, er habe Herzklopfen bekommen angesichts dieses Erfolges und sei einige Tage fassungslos vor Glück gewesen.

Am 18. November berichtete er der Akademie von seinem Erfolg und ergänzte, dass »die Theorie eine stärkere (doppelt

---

Die jetzigen Gleichungen hatte ich im Wesentlichen schon vor 3 Jahren zusammen mit Grossmann, der mich auf Riemanns Tensor aufmerksam machte, in Betracht gezogen. … Ebensowenig konnte ich erkennen, dass die Newton'sche Theorie als erste Näherung darin enthalten war; ich glaubte sogar, das Gegenteil eingesehen zu haben. So geriet ich in den Urwald!
Einstein an Sommerfeld, 1.1.1916

so starke) Lichtstrahlkrümmung durch Gravitationsfelder zur Konsequenz hat als gemäß meinen früheren Untersuchungen.« Im Laufe der nächsten Woche feilte er noch an seinen Gleichungen und fand einen Weg, sie weiter zu vereinfachen. Am Donnerstag dem 25. November folgte der krönende Abschluss. Vor dem Auditorium der Akademie konnte er »Die Feldgleichungen der Gravitation« vortragen und mit den Worten enden: »Damit ist endlich die allgemeine Relativitätstheorie als logisches Gebäude abgeschlossen.«

Es folgten Tage und Wochen voll überschäumender Freude. Heinrich Zangger schrieb er am folgenden Tag, die Theorie sei »von unvergleichlicher Schönheit«, Besso teilte er mit, »die kühnsten Träume sind in Erfüllung gegangen«, und Sommerfeld versicherte er, es sei »der wertvollste Fund, den ich in meinem Leben gemacht habe«. Noch viele Jahre später erinnerte er sich bei einem Vortrag in Glasgow an das »ahnungsvolle, Jahre währende Suchen im Dunkeln mit seiner gespannten Sehnsucht, seiner Abwechslung von Zuversicht und Ermattung und seinem endlichen Durchbrechen zur Wahrheit, das kennt nur, wer es selbst erlebt hat.«

Die erfolgreiche Erklärung der Periheldrehung machte nun auch einige Skeptiker nachdenklich. Zumindest fing »Planck an, die Sache ernster zu nehmen«, freute sich Einstein. Ansonsten war er jedoch von seinen Kollegen weitgehend enttäuscht und beschwerte sich über die »Jämmerlichkeit der Menschen« und das »Vorwiegen des Allzumenschlichen«.

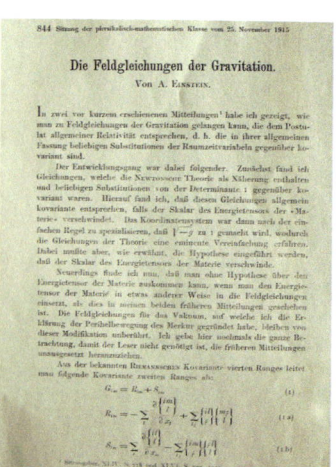

23   Titelseite des Akademieberichts vom 25.11.1915

Zudem kam es kurzzeitig mit David Hilbert zu einem Streit über die Urheberschaft der Allgemeinen Relativitätstheorie. Anfang Juli 1915 hatte Einstein in Göttingen mehrere Vorträge zur Relativitätstheorie gehalten, die Hilbert zu eigenen Arbeiten zur Gravitation animierten. Es folgte ein intensiver Briefwechsel, in dem sich Einstein und Hilbert gegenseitig vom jeweiligen Fortschritt unterrichteten. Bei aller Offenheit wurde beiden indes klar, dass sie sich in einem Wettrennen um die Lösung des Problems befanden. Am 18. November, also eine Woche vor Einsteins letztem und entscheidendem Vortrag, bekräftigte er in einem Brief an Hilbert, die Schwierigkeit habe bis dahin nicht darin bestanden, auf mathematischem Wege allgemein kovariante Gleichungen zu finden. Das eigentliche Problem hätte eher auf der physikalischen Seite gelegen, nämlich die Newtonschen Gleichungen aus ihnen herzuleiten. In Übereinstimmung mit seinem Züricher Notizbuch wies er Hilbert vorsichtshalber darauf hin, er habe die richtigen Gleichungen schon drei Jahre zuvor mit seinem Freund Grossmann »in Erwägung gezogen«. Dieselbe Bemerkung machte er auch in Briefen an Sommerfeld und Lorentz.

Zwei Tage später, am 20. November, reichte Hilbert bei der Königlichen Gesellschaft der Wissenschaften zu Göttingen einen Vortrag mit dem Titel ›Die Grundlagen der Physik‹ ein. Gedruckt wurde dieser Beitrag erst am 31. März 1916. Er enthielt die richtigen Feldgleichungen, die Einstein am 25. November vor der Akademie vorgetragen hatte. Damit lag der Verdacht nahe, Einstein habe von Hilbert die richtige Lösung übernommen. Dieser bis dahin unausgesprochene Plagiatsvorwurf verärgerte Einstein ganz erheblich. Am 26. November beschuldigte er in einem Brief an Heinrich Zangger,

David Hilbert (23. 1. 1862– 14. 2. 1943) war einer der bedeutendsten deutschen Mathematiker. Ab 1892 lehrte er in Königsberg und von 1895 bis 1930 in Göttingen. Er schuf unter anderem neue Methoden der mathematischen Physik und erstmals ein vollständiges Axiomensystem der euklidischen Geometrie. Der so genannte Hilbert-Raum spielt in der Quantentheorie eine bedeutende Rolle.

Hilbert – dessen Namen er nicht explizit nannte – suche seine Theorie »auf geschickte Weise zu ›nostrifizieren‹«, sprich für sich zu beanspruchen. Schon vier Wochen später glättete Einstein die Wogen jedoch: »Es ist zwischen uns eine gewisse Verstimmung gewesen, deren Ursache ich nicht analysieren will. ... Es ist objektiv schade, wenn sich zwei Kerle, die sich aus ihrer schäbigen Welt etwas herausgearbeitet haben, nicht gegenseitig zur Freude gereichen.« Tatsächlich lag Hilbert bald nichts mehr daran, sich als Mitentdecker der neuen Gravitationstheorie in der Physikgeschichte verewigen zu wollen. In mehreren späteren Veröffentlichungen bestätigte er Einstein als alleinigen Entdecker.

Erst seit 1997 wissen die Historiker warum. Hilbert hatte am 6. Dezember die erste Korrekturfahne seines Vortrags erhalten, und diese stimmte in wesentlichen Teilen nicht mit der im März 1916 veröffentlichten Version überein. Insbesondere enthielt sie nicht die kovarianten Gleichungen, nach denen Einstein so lange gesucht hatte. Hilbert arbeitete seinen Beitrag in der Zeit nach Einsteins entscheidender Veröffentlichung ganz erheblich um. Er fügte die richtigen Lösungen ein und zitierte außerdem alle Arbeiten seines Konkurrenten. Insofern müsste man aus heutiger Sicht den Plagiatsvorwurf umkehren.

Darüber hinaus ging es Hilbert nicht nur um eine reine Gravitationstheorie. Sein Ziel war es, zugleich die Eigenschaften der Materie, insbesondere des Elektrons, zu erklären. Diesen Gedanken verwarf Einstein völlig und nannte den Hilbertschen Ansatz für die Materie kindlich. »Jedenfalls ist es nicht zu billigen, wenn die soliden Überlegungen, die aus dem Relativitätspostulat stammen, mit so gewagten, unbegründeten Hypothesen über den Bau des Elektrons bzw. der Materie

---

Die **gekrümmte Raumzeit** kann man sich an einem straff gespannten Gummituch veranschaulichen. Hierbei ignoriert man die Zeit und reduziert den Raum auf zwei Dimensionen, also eine Fläche. Lässt man eine Eisenkugel darin herumlaufen, so erzeugt sie um sich herum eine Mulde, die sich mit der Kugel mitbewegt. Die Mulde entspricht der Raumkrümmung, die Kugel beispielsweise einem Stern. Gerät eine zweite Kugel in den Bereich der Mulde, wird sie von ihrer geraden Bahn abgelenkt und rollt auf die Eisenkugel zu. Auch Licht-

verquickt werden«, schrieb er Hermann Weyl, womit er zweifelsfrei Recht hatte.

Damit war das Ziel einer neuen Gravitationstheorie erreicht. In ihr gibt es keine Schwer*kraft* mehr wie bei Newton, sondern die Gravitation ist ein Feld. Jede Art von Materie krümmt den Raum um sich herum, wobei die Stärke der Krümmung mit der Masse des Körpers zu- und mit wachsender Entfernung von ihm abnimmt. Der Raum ist somit ein dynamisches »Gebilde«, das sich ständig in der Umgebung bewegter Körper verändert. Wie schon in der Speziellen Relativitätstheorie, spielt auch in der Gravitationstheorie die Zeit eine ganz entscheidende Rolle beim Ablauf physikalischer Vorgänge. Insbesondere verläuft sie in der Nähe eines Himmelskörpers, wo der Raum stark gekrümmt ist, langsamer als fernab von ihm, wo der Raum nahezu flach ist. Raumkrümmung und Zeitdehnung sind also untrennbar miteinander verwoben. Aus diesem Grunde müssen im Rahmen der Allgemeinen Relativitätstheorie alle physikalischen Abläufe stets in einer vierdimensionalen Raumzeit betrachtet werden: Die Gravitation ist die gekrümmte Raumzeit.

In diesem Bild erklärt man auch die Bewegung von Körpern und von Licht. Alle kräftefreien Körper bewegen sich auf Geodäten. Kräftefrei bedeutet, ausschließlich unter Einfluss der Gravitation, ohne zusätzliche Kräfte, wie ein Antrieb oder auch Reibung. Eine Geodäte ist die kürzeste Verbindung zwischen zwei Punkten. Dies gilt in der Ebene genauso wie auf einer Kugel oder jeder anderen, beliebig gekrümmten Fläche. Für die Berechnung der Geodäten benötigt man die von Gauß und Riemann entwickelten mathematischen Methoden.

---

strahlen bewegen sich im Gravitationsfeld auf gekrümmten Bahnen. Kurz gesagt: Die Materie »sagt« der Raumzeit-Geometrie, wie sie sich krümmen muss, und die Raumzeit-Geometrie »sagt« Materie und Licht, wie sie sich zu bewegen haben. Für eine vollständige Beschreibung der Gravitation muss wie schon in der Speziellen Relativitätstheorie die Zeit als vierte Dimension hinzugenommen werden.

Erste Reaktionen auf die neue Theorie waren verhalten, und das nicht ohne Grund. Newtons Theorie lieferte sehr einfache mathematische Zusammenhänge für die zwischen materiellen Körpern wirkenden Kräfte. Diese ließen sich deshalb leicht überprüfen. Die berühmten Keplerschen Gesetze der Planetenbewegung beispielsweise basieren auf dem Newtonschen Gravitationsgesetz. Einsteins Theorie war jedoch ein System aus – mathematisch gesprochen – zehn nichtlinearen Differentialgleichungen. Eine experimentelle Überprüfung ist nur möglich, indem man diese Differentialgleichungen für das jeweils betrachtete Problem löst. Dies ist in den meisten Fällen eine höchst anspruchsvolle Aufgabe, an der heute noch gearbeitet wird. Häufig existieren gar keine exakten Lösungen, sondern nur Näherungen.

Die erste Lösung kam von der russischen Front. Dort hatte sich der Direktor des Astrophysikalischen Observatoriums Potsdam und damalige Leutnant Karl Schwarzschild mit Einsteins Arbeit beschäftigt. Am 22. Dezember 1915 berichtete er in einem Brief an Einstein von der Lösung für das Gravitationsfeld außerhalb eines kugelförmigen Körpers: »Wie

> *Im 19. Jahrhundert stellten einige Forscher die aufregende Frage nach der »Realgeltung« der Geometrie. Bernhard Riemann gab schon 1854 zu bedenken:*
> Es ist also sehr wohl denkbar, dass die Maßverhältnisse des Raumes im Unendlichkleinen den Voraussetzungen der [euklidischen] Geometrie nicht gemäß sind.
> *Er hielt es also nicht für ausgeschlossen, dass die euklidische Geometrie zwar in unserer Erfahrungswelt realisiert ist, nicht jedoch auf der Ebene der kleinsten Teilchen. Der französische Mathematiker Jules Henry Poincaré schrieb um 1900:*
> Wir können der euklidischen Geometrie entsagen oder die Gesetze der Optik abändern und zulassen, dass das Licht sich nicht genau in gerader Linie fortpflanzt. Es ist unnütz hinzuzufügen, dass jedermann diese letzte Lösung als die vorteilhaftere ansehen würde.
> *Einstein sah das Problem im Lichte der Allgemeinen Relativitätstheorie so:*
> Die Frage, ob die praktische Geometrie der Welt euklidisch sei oder nicht, hat einen deutlichen Sinn, und ihre Beantwortung kann nur durch die Erfahrung geliefert werden.

Sie sehen, meint es der Krieg freundlich mit mir, indem er mir trotz heftigen Geschützfeuers in der durchaus terrestrischen Entfernung diesen Spaziergang in dem von Ihrem Ideenlande erlaubte«, endete sein Brief. Einstein antwortete prompt und freute sich, dass die strenge Lösung so einfach sei. Die später Schwarzschild-Metrik genannte Lösung hatte bedeutende Auswirkungen auf das Verständnis der Gravitation und des Universums. Wenige Wochen später hatte Schwarzschild auch die Raumzeit-Krümmung im Innern einer Kugel berechnet. Dabei tauchte ein Problem auf: Es gibt im Innern eines Sterns oder Planeten eine Grenze, innerhalb derer die Lösungen keinen Sinn mehr ergaben. Der Astronom war auf eine Grenze gestoßen, die heute Schwarzschild-Horizont heißt und die Größe eines Schwarzen Lochs definiert.

In dieser Phase beschäftigte sich Einstein auch mit der Frage, wie sich das Universum im Rahmen der Allgemeinen Relativitätstheorie beschreiben lässt. Angeregt wurde er dazu durch einen Besuch in Leiden im Frühjahr 1916. Neben Lorentz und Ehrenfest traf er dort den Astronomen Willem de Sitter, der sich bereits eingehend mit der Allgemeinen Relativitätstheorie beschäftigt hatte. Über zwei Jahre hinweg entwickelte sich zwischen den beiden in Form von Veröffentlichungen und Briefen eine tiefgründige Diskussion über die Geometrie und zeitliche Entwicklung des Universums. Einstein bestand dabei auf Annahmen, die er nicht weiter begründen konnte. Erstens: Das Universum ist statisch, das heißt weder dehnt es sich aus, noch zieht es sich zusammen. Zweitens: Die Raumzeit-Krümmung (die Metrik oder Geometrie) des Universums ist vollständig durch die darin be-

Karl Schwarzschild (9.10.1873–11.5.1916) war um 1900 einer der bedeutendsten deutschen Astrophysiker. Er war ab 1901 Professor und Direktor der Göttinger Sternwarte und ab 1909 des Astrophysikalischen Observatoriums Potsdam. Er leistete wichtige Beiträge zur Astrofotografie und Theorie von Sternatmosphären. Er starb in Potsdam an den Folgen einer Krankheit, die er sich im Ersten Weltkrieg an der Ostfront zugezogen hatte. Einstein hielt am 29. Juni in Berlin die Gedächtnisrede für den »hochbegabten und vielseitigen Forscher«.

findliche Materie festgelegt. Hierbei kann man vereinfachend davon ausgehen, dass diese fast gleichmäßig im Raum verteilt ist. Außerdem erschien es ihm selbstverständlich, dass es im Universum keine Orte gibt, die sich vor anderen durch irgend etwas auszeichnen. Insbesondere hat das Universum keinen Mittelpunkt.

Unter diesen Voraussetzungen wiesen sowohl die Newtonsche als auch die Einsteinsche Theorie ein grundlegendes Problem auf. Beide setzten ein unendlich ausgedehntes Weltall voraus. Wenn sich in einem Teilbereich davon endlich viele, nahezu gleichmäßig verteilte Sterne befinden, so ist das System nicht stabil. Die Sterne bewegen sich im Laufe der Zeit aufgrund der Schwerkraft langsam aufeinander zu und verschmelzen schließlich zu einem Riesenstern. Befinden sich im unendlichen Raum unendlich viele Sterne, so würden sich diese im Laufe der Zeit verstreuen, ähnlich wie ein sich verflüchtigendes Gas. Diese Probleme ließen sich nie befriedigend lösen.

Ende 1916 glaubte Einstein, eine Lösung gefunden zu haben. Er war auf ein theoretisch mögliches Universum gestoßen, in dem die Materie den Raum so stark krümmt, dass dieser sich wie die Oberfläche einer Kugel schließt. Dieses Universum war in sich geschlossen und dennoch ohne Grenzen. Ein Jahr später musste er jedoch vor der Akademie berichten, dass auch diese »sphärische Welt« mit gleichmäßiger Materieverteilung nicht stabil ist, sofern man nicht einen Trick anwendet. Einstein musste in seine Feldgleichungen einen konstanten Term einfügen. Diese kosmologische Konstante war zwar eine »durch unser tatsächliches Wissen von der Gravitation nicht gerechtfertigte Erweiterung der Feld-

---

Bis heute beschäftigen sich Theoretiker damit, **Lösungen** der Einsteinschen Feldgleichungen zu finden. 1916 leitete Karl Schwarzschild die Lösung für eine nichtrotierende Kugel her. Doch erst 1963 fand der neuseeländische Mathematiker Roy Kerr die Gleichungen für eine rotierende Kugel. Heute berechnet man mit Hochleistungscomputern beispielsweise zeitlich veränderliche Felder, wie sie bei zwei sich umkreisenden Sternen oder beim Verschmelzen von zwei Schwarzen Löchern entstehen (siehe Abbildung 24).

> **Die kosmologische Konstante**
> Die von Einstein eingeführte kosmologische Konstante birgt eines der größten Rätsel der Physik. In Einsteins Theorie sollte sie ein statisches Universum garantieren. Seit 1999 gehört sie wieder zum Weltbild der Kosmologen. Der heute für sie angenommene Wert ist jedoch ein anderer als zu Einsteins Zeiten. Sie entspricht einem Feld mit abstoßender Wirkung. Damit beschleunigt sie die Expansion des Universums. Ihre physikalische Ursache ist unklar. Man vermutet sie in einer Form der Vakuum-Energie, wie sie die Quantentheorie vorhersagt.

gleichungen«, änderte aber nichts an der inneren Konsistenz der Theorie. De Sitter schrieb er, dass ein solches Universum mit der damals bekannten Sterndichte einen Radius von etwa zehn Millionen Lichtjahren haben müsste. Gleichzeitig spekulierte er, dass man am Himmel Sterne sehen müsste, die sich auf der »anderen Seite« des Universums befinden, also gewissermaßen stellare Antipoden sind.

De Sitter bezweifelte, dass das von Einstein vorgeschlagene Universum wirklich statisch war und schlug eine andere Lösung vor. Er hatte die Feldgleichungen für ein gänzlich leeres Vakuum-Universum analysiert und herausgefunden, dass auch dieses eine gekrümmte Raumzeit besitzt. Zudem konnte es sich ausdehnen. Das lehnte Einstein ab.

Die Diskussion um die richtige Geometrie des Universums zog sich bis in die 1920er Jahre hin. Dann entdeckte Edwin Hubble die Fluchtgeschwindigkeit der Galaxien, woraus sich das Modell des expandierenden Kosmos und die Urknalltheorie entwickelten. Einstein selbst verwarf seine kosmologische Konstante daher über zehn Jahre nach ihrer Einführung und bezeichnete sie als seine »größte Eselei«.

Willem de Sitter (6. 5. 1872 – 20. 11. 1934) war ab 1908 Professor für Astronomie an der Universität Leiden und leitete ab 1919 die dortige Sternwarte. Er leistete wichtige Beiträge zur Sternverteilung in der Milchstraße. Sein großer Verdienst war aber die Erschaffung des kosmologischen Modells für ein expandierendes Universum im Jahre 1917.

Neben der Periheldrehung des Merkur und dem kosmologischen Weltmodell gab es eine dritte bedeutende theoretische Entdeckung: Gravitationswellen. Einstein hatte stets seine Theorie in Analogie zur Maxwellschen Elektrodynamik gesehen. Dort entfernen sich elektromagnetische Felder mit Lichtgeschwindigkeit von ihrem Entstehungsort, also beispielsweise einer elektrischen Ladung. Einstein leitete aus den Feldgleichungen ab, dass sich auch Gravitationsfelder mit Lichtgeschwindigkeit ausbreiten. Diese Gravitationswellen entstehen, wenn sich Körper beschleunigt bewegen. Dies ist eine der wenigen Vorhersagen der Allgemeinen Relativitätstheorie, die sich bis heute nicht direkt bestätigen ließen.

Eine Großtat, wie es das Erschaffen einer neuen Gravitationstheorie war, hätte bei den meisten Forschern eine Ruhephase nach sich gezogen. Einstein aber suchte nach einer immer eleganteren Darstellung der Feldgleichungen. Darüber

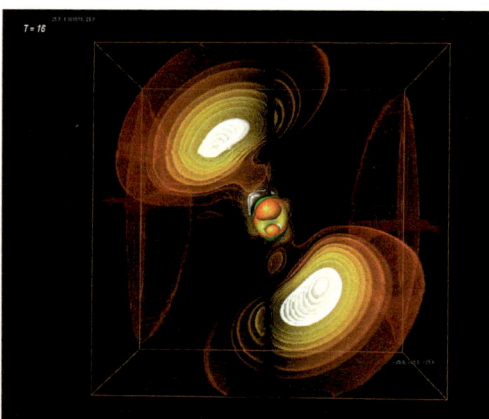

24 Computersimulationen veranschaulichen, wie zwei sich umkreisende Himmelskörper Gravitationswellen aussenden.

Beschleunigt bewegte Massen senden **Gravitationswellen** aus. Man kann sie sich als feine Kräuselungen des gekrümmten Raumes vorstellen, die sich mit Lichtgeschwindigkeit ausbreiten. Zwei sich umkreisende Sterne verlieren durch das Aussenden von Gravitationswellen Energie. Als Folge hiervon nähern sie sich auf einer spiralförmigen Bahn langsam einander an, und ihre Umlaufdauer nimmt ab. Diesen Effekt konnten die amerikanischen Astronomen Russell Hulse und Joseph Taylor bei dem Doppelpulsar PSR 1913+16 beobach-

hinaus veröffentlichte er zwei weitere bedeutende Arbeiten zur Quantentheorie. Hierin ging er von dem gerade erst veröffentlichten Bohrschen Atommodell aus und griff wieder seine alte Theorie auf, wonach Licht als Photonenstrom aufzufassen sei. Mit dieser Hypothese stand er nach wie vor allein. Es gelang ihm aber, das Plancksche Strahlungsgesetz herzuleiten. »Damit sind die Lichtquanten so gut wie gesichert«, schrieb er Besso. Als Nebenprodukt beschrieb er das Prinzip der stimulierten Lichtemission im Atom, womit er ohne es zu bemerken die Theorie des Lasers vorbereitet hatte.

Einstein veröffentlichte in wenigen Jahren nach dem denkwürdigen Vortrag vor der Akademie im November 1915 eine Fülle wissenschaftlicher Arbeiten. Außerdem schrieb er 1916 ein Büchlein ›Über die spezielle und die allgemeine Relativitätstheorie (Gemeinverständlich)‹. Gedacht war es für Leser mit »Maturitätsbildung und … ziemlich viel Geduld und Willenskraft«. Das Buch war überaus erfolgreich. Es erlebte allein in den ersten drei Jahren 12 Auflagen mit insgesamt 55 000 Exemplaren. Noch heute ist es in der 23. Auflage erhältlich. Zudem wurde es in viele Sprachen übersetzt.

Einsteins wissenschaftlicher Höhenflug war von privaten Problemen überschattet. Der Krieg zog das alltägliche Leben immer mehr in Mitleidenschaft, Reisen ins Ausland waren nur unter erschwerten Bedingungen möglich. Mileva erlitt einen Nervenzusammenbruch und musste mehrere Monate in ein Sanatorium, nachdem ihr Einstein mitgeteilt hatte, dass er sich doch von ihr scheiden lassen wolle. Er selbst erkrankte Anfang 1917 schwer. Vier Jahre lang kämpfte er mit einem Leberleiden, Magen- und Zwölffingerdarmgeschwüren und Gelbsucht. Eine Erleichterung war es deshalb

---

ten. Die gemessene Abnahme der Umlaufperiode der beiden Neutronensterne stimmte bis auf weniger als ein Prozent mit der Vorhersage der Allgemeinen Relativitätstheorie überein. Für diesen indirekten Nachweis von Gravitationswellen erhielten Hulse und Taylor 1993 den Physik-Nobelpreis. Der direkte Nachweis dieses Phänomens steht bis heute aus.

für ihn, als er im September in die Haberlandstraße 5 umzog. Dort mietete er eine Wohnung, die unmittelbar neben der von Elsa lag. Bei ihr war er in guten Händen.

Am 1. Oktober 1917 wurde er Direktor des Kaiser-Wilhelm-Instituts für Physik. Allerdings war und blieb er ein Direktor ohne Gebäude, denn für dessen Bau war kein Geld vorhanden. Einsteins Institut war seine Wohnung – und das bis zu seiner Emigration in die Vereinigten Staaten. Gegen Ende des Jahres 1917 genehmigte man ihm immerhin eine Stelle für eine Sekretärin. Diese übernahm Elsas Tochter Ilse. Es dauerte jedoch nicht lange, bis er für die 20-Jährige weit mehr empfand als nur Freundschaft. Im Mai 1918 fragte er sie sogar, ob sie seine Frau werden wolle. In ihrer Ratlosigkeit wandte sich Ilse an Georg Nicolai, den Initiator des ›Aufrufs an die Europäer‹: »Albert lehnt jede Entscheidung ab, er ist bereit mich oder Mama zu heiraten«, schrieb sie ihm in einem sehr intimen Brief. Und weiter: »Ich habe ihn sehr lieb, habe die größte Achtung vor ihm als Mensch. ... Ich habe nie den Wunsch oder die geringste Lust verspürt, ihm körperlich nahe zu sein. Anders bei ihm. ... Er hat mir selbst einmal zugegeben, wie schwer es ihm fällt, sich zu beherrschen. ... Helfen Sie mir!« Ein Antwortbrief ist nicht erhalten, aber Nicolai wird von einer Heirat abgeraten haben, zumal dies zwangsläufig einen Bruch zwischen Mutter und Tochter bedeutet hätte.

Einstein war nun aber gewillt, wieder zu heiraten. Im Juni kam es zu einer vorläufigen Vereinbarung zwischen den beiden Ehegatten, und im Februar 1919 erging vor einem Gericht in Zürich das Urteil. Demnach wurde Mileva das Sorgerecht für die beiden Söhne zugesprochen, für die Einstein jährlich 8000 Franken Unterhalt zahlen musste. Das war über

---

Einstein legte nie Wert auf sein **Äußeres**. Seine Frau Elsa schnitt ihm die Haare, die Haushälterin musste die Manschetten von den Hemdärmeln abschneiden, weil sie ihn störten, und er ging nie zum Schneider oder in ein Konfektionsgeschäft. Bei seinem Nobelvortrag soll er wegen des etwas schäbigen Smokings aufgefallen sein. In späteren Jahren machte er auch dadurch von sich reden, dass er keine Socken trug, nicht einmal bei einem Besuch im Weißen Haus im Jahre 1934. Einige Jahre später schrieb er an seinen Freud Hans Mühsam, er

SCHEIDUNG VON MILEVA

die Hälfte seines Einkommens. Darüber hinaus zahlte er an Mileva 40 000 Mark und finanzierte ihre Sanatoriumsaufenthalte, später auch die des Sohnes Eduard. Einstein hatte aber Anspruch darauf, dass die beiden Söhne die Ferien bei ihm verbringen durften. Zudem sollte Einstein die mit dem Nobelpreis verbundene Geldsumme abzüglich der 40 000 Mark Mileva überlassen, sofern er den Preis erhalten sollte. Die Zinsen standen ihr bedingungslos zu, während sie über das Kapital nur mit Zustimmung ihres Mannes verfügen durfte. Als Einstein 1923 den Physik-Nobelpreis erhielt, überwies er 121 572,43 Schwedische Kronen auf ein Schweizer Konto. Mileva kaufte davon in Zürich drei Häuser, von denen sie allerdings zwei bald wieder veräußern musste. In dem dritten lebte sie bis zu ihrem Tod.

sei »eine Art altertümliche Figur, die hauptsächlich durch den Nichtgebrauch von Socken bekannt ist«.

25   Einstein und seine Frau Elsa im Jahr 1922

Im Herbst 1918 wurde die wirtschaftliche Lage in Deutschland immer schwieriger. Im September trat der Bund Neues Vaterland wieder zusammen und veröffentlichte in mehreren deutschen Tageszeitungen einen Artikel. Darin trat er für »eine völlige Umgestaltung der deutschen Verfassung und Verwaltung im demokratischen Geiste ... durch die Einberufung einer gesetzgebenden Nationalversammlung« ein. Ende Oktober ersuchte Einstein Max Planck darum, sich dieser Erklärung anzuschließen. In seinem Antwortschreiben hoffte Planck, dass der »Träger der Krone freiwillig auf seine Rechte verzichten würde«. Einem öffentlichen Aufruf konnte er sich aber nicht anschließen, »denn erstens denke ich an meinen geleisteten Eid, und zweitens fühle ich etwas, was sie allerdings gar nicht verstehen werden ..., nämlich die Pietät und unverbrüchliche Zusammengehörigkeit gegenüber dem Staat, dem ich angehöre, auf den ich stolz bin gerade auch im Unglück.« Diese passive Haltung, die auf die meisten Professoren der damaligen Zeit zutraf, sollte später zu dem tragischen Bruch zwischen Einstein und seinem einstigen Förderer führen.

Der Krieg war verloren, im Deutschen Reich rebellierte das Volk. Am 9. November 1918 wollte Einstein ein Kolleg zur Relativitätstheorie halten, doch das »fiel aus wegen Revolution«, wie er prosaisch in seinem Tagebuch vermerkte. An diesem Tag riefen Arbeiter- und Soldatenräte die Republik aus, woraufhin der Kaiser abdankte und ins Exil nach Holland floh. Das war ganz in Einsteins Sinn, der unter den Kollegen ohnehin als »eine Art Obersozi« galt. Nach dem Krieg kam es ihm vordringlich darauf an, die eingerissenen Brücken zwischen den im Krieg verfeindeten Völkern wieder aufzubauen.

In der **Haberlandstraße** hatten die Einsteins ab und an größere Gesellschaften mit 15 bis 20 Personen zu Gast. Zu diesen Anlässen gab es fast immer dieselbe Speisenfolge: Zuerst klare Brühe mit Eierstich, dann Eiermayonnaise mit Salm, danach Schweinefilet mit Maronen und abschließend Erdbeeren mit Schlagsahne, gemischt zu Erdbeerschnee. Einstein aß Erdbeeren für sein Leben gern. Häufig wurde auch Selleriebowle gereicht. Einstein trank wenig Alkohol, allerhöchstens ein Glas Wein oder ein Gläschen Kognak.

Privat ging es auch bald bergauf, und wissenschaftlich stand er kurz vor dem Gipfel des Ruhmes. Am 2. Juni 1919 heiratete er Elsa, und beide zogen nun in eine gemeinsame, sehr geräumige Wohnung. Sie besaß sieben Zimmer mit zwei Schlafzimmern, einer Bibliothek, einem Salon, in dem ein großer Flügel stand, und einem Speisezimmer. Sein Reich wurde ein Mansardenzimmer, das gleichzeitig das Kaiser-Wilhelm-Institut für Physik war. Ein Foto aus dem Jahre 1927 zeigt ihn im Turmzimmer an einem Tisch sitzend, umgeben von Büchern und Manuskripten. An der Wand hing ein Bild von Newton. Die Aufnahme war gestellt, wie seine ordentliche Kleidung beweist. Normalerweise gab er sich in dieser Einsiedelei eher leger bis nachlässig. Die Haushälterin durfte dort nur hin und wieder vorsichtig Staub putzen. Das Haus in der Haberlandstraße, in dem Elsa und Albert Einstein 16 Jahre lang lebten, wurde im Krieg bei einem Bombenangriff bis auf die Grundmauern zerstört.

26 Einstein in seiner Wohnung in der Haberlandstraße in Berlin

Im Jahr 1919 bot sich erneut eine Gelegenheit, Einsteins Vorhersage der Lichtablenkung im Schwerefeld der Sonne zu prüfen. Am 29. Mai ereignete sich in äquatorialen Breiten eine Sonnenfinsternis. Der britische Astronom Sir Frank Dyson bemerkte, dass sich diese besonders gut für Beobachtungen eignen würde, weil die Sonne vor dem Sternhaufen Hyaden stehen würde. Dort würden dann besonders viele Sterne sichtbar sein. Unter der Leitung von Sir Arthur Eddington, einem eifrigen Verfechter der Relativitätstheorie, wurden zwei Expeditionen ausgerüstet. Eine fuhr nach Sobral im Norden Brasiliens, die andere zur Insel Principe im Golf von Guinea.

Obwohl die Wetterbedingungen nicht ideal waren, erhielt Eddingtons Gruppe 16 Himmelsaufnahmen, von denen nur eine ausreichende Qualität besaß. Das Team auf Principe war glücklicher. Es brachte sieben brauchbare Platten mit nach England. Dort wurden die Aufnahmen ausgemessen und die Sternpositionen mit denen auf älteren Fotos verglichen. Anfang September hielt Eddington auf einer Tagung in Bournemouth einen Vortrag, in dem er ein vorläufiges Ergebnis bekannt gab. Demnach stimmten die beobachteten Positionsverschiebungen der Sterne in Sonnennähe mit der Vorhersage der Allgemeinen Relativitätstheorie überein. Ein dort anwesender holländischer Astronom überbrachte Lorentz in Leiden die Nachricht, und der informierte Einstein am 22. September in einem Telegramm, worin er die Verschiebung als »neun zehntel sekunde und doppeltem« angab. Das Ergebnis genügte Einstein, um in der Zeitschrift ›Die

27 Foto der **Sonnenfinsternis** vom 29. 5. 1919. Bei diesem Ereignis wurden in der Nähe der Sonne einige Sterne sichtbar, deren Positionen am Himmel verschoben waren, weil ihr Licht im Schwerefeld der Sonne abgelenkt wurde. Die Größe dieses Effekts entsprach der

Naturwissenschaften‹ eine kurze Notiz zu veröffentlichen: »Der bisher provisorisch ermittelte Wert liegt zwischen 0,9 und 1,8 Bogensekunden. Die Theorie fordert 1,7.« Die aufregende Botschaft verbreitete sich bald unter den Kollegen, die Einstein gratulierten, obwohl das Messergebnis noch recht ungenau war. Auf das endgültige Resultat musste Einstein noch einen Monat warten.

Am 6. November traten die Royal Society und die Royal Astronomical Society zu einer gemeinsamen Sitzung zusammen. Dort trug Andrew Crommelin vom Sobral-Team die endgültig ermittelten Werte für drei Teleskope vor, wobei er eines wegen eines optischen Fehlers ausschied. Die beiden übrigen Teleskope erbrachten für die Lichtablenkung am Sonnenrand Werte von $1,98 \pm 0,12$ Bogensekunden und $1,60 \pm 0,3$ Bogensekunden. Diese lagen sehr nahe an dem vorhergesagten Wert von 1,75 Bogensekunden. Der Präsident der Royal Society, Sir Joseph John Thomson, war ganz offensichtlich über alle Maßen beeindruckt und bezeichnete das Ergebnis als »eine der höchsten Errungenschaften des menschlichen Denkens«. Die Nachricht verbreitete sich sogar bis ins britische Unterhaus, wo sie für aufgeregte Diskussionen sorgte.

Wieder war es Lorentz, der Einstein telegrafisch von seinem Triumph informierte. Doch das wäre gar nicht nötig gewesen, denn weltweit feierte die Presse die Nachricht in einer für die Naturwissenschaften bis dahin beispiellosen Weise. Große Zeitungen überboten sich weltweit geradezu in der Euphorie ihrer Schlagzeilen: ›The Times‹, 7. November: »Wissenschaftliche Revolution. Neue Theorie des Universums. Newtons Vorstellung umgestürzt.« Und einen Tag später in der Samstagausgabe: »Revolution in der Wissenschaft. Ein-

Vorhersage der Allgemeinen Relativitätstheorie. Die Originalfotoplatten sind nicht mehr auffindbar. Kopien befinden sich noch im Archiv der Royal Astronomical Society in London.

stein gegen Newton.« ›The New York Times‹, 10. November: »Lichter am Himmel alle schief.« In Deutschland blieb die Berichterstattung eher sachlich. Erwin Freundlich und Max Born schrieben darüber Artikel in der ›Vossischen‹ und der ›Frankfurter Zeitung‹. Die ›Berliner Illustrirte Zeitung‹ brachte am 14. Dezember auf der Titelseite ein großes Portraitfoto mit der Unterschrift: »Eine neue Größe der Weltgeschichte: Albert Einstein, dessen Forschungen eine völlige Umwälzung unserer Naturbetrachtung bedeuten und den Erkenntnissen eines Kopernikus, Kepler und Newton gleichwertig sind.«

Das war nicht übertrieben. Einstein hatte endlich die wissenschaftliche Bestätigung für seine Theorie, auf die er so lange gewartet hatte. Von einem Tag zum anderen war er weltberühmt geworden. Von nun an wurde bei ihm jeder »Piepser zum Trompetensolo«, wie er später einmal sagte. In Alpträumen erschien ihm der Briefträger als Teufel, der ihn anbrüllte und ihm ständig neue Briefpacken an den Kopf warf, weil er die alten noch nicht beantwortet hatte. Max Born schrieb er im Dezember: »Bei mir ist es so arg, dass ich kaum mehr schnaufen, geschweige zu vernünftiger Arbeit kommen kann.« Und ein Jahr später bemerkte er: »Gegenwärtig debattiert jeder Kutscher und jeder Kellner, ob die Relativitätstheorie richtig sei.«

Darüber hinaus erhielt das Ereignis eine politische Dimension. Nationalisten freuten sich darüber, dass »die deutsche Wissenschaft bewiesen [habe], dass in unserem Volke noch Kraft für neues Werden lebt«, war im ›Berliner Tageblatt‹ zu lesen. Eddington meinte dagegen, es sei »für die wissenschaftlichen Beziehungen zwischen England und Deutschland das Beste, was sich ereignen konnte.« Ins selbe Horn

---

Ich bin fest davon durchdrungen, daß keine Reichtümer der Welt die Menschheit weiterbringen können. ... Kann sich jemand Moses, Jesus oder Gandhi bewaffnet mit Carnegies Geldsack vorstellen?

Einstein in ›Wie ich die Welt sehe‹, 1930

stieß auch Einstein als eingefleischter Europäer. In einem Artikel für die ›Times‹ sprach er den englischen Astronomen seine Dankbarkeit aus und lobte die Anstrengungen, die sie unternommen hatten, »um eine Folgerung einer Theorie zu prüfen, die im Lande Ihrer Feinde während des Krieges vollendet und publiziert worden ist.«

Der damalige Rummel in der Öffentlichkeit ist bei genauer Betrachtung rätselhaft. Die neuen Erkenntnisse hatten keinerlei Einfluss auf das tägliche Leben. Überdies verstanden weder die Mehrzahl der Wissenschaftler, geschweige denn der Normalbürger, was es mit dem gekrümmten Raum auf sich haben könnte. Das »Phänomen Einstein« hat viele Facetten und lässt sich zum Teil nur im historischen Kontext verstehen. Nach den Jahren des Krieges und der Entbehrungen erschien dieser Triumph der reinen Erkenntnis wie ein Lichtstrahl im Dunkel. Der englische Physiker und Schriftsteller C. P. Snow bezeichnete Einstein als »Fürsprecher für die Hoffnungen der Menschen. Es scheint, dass die Menschen … ein menschliches Wesen brauchten, das sie verehren konnten.« Dabei spielt es keine Rolle, ob man die Worte des Meisters versteht, eher im Gegenteil. Gerade das Unvorstellbare und Rätselhafte verstärken die Bewunderung für den genialen Denker.

Ein zweiter wesentlicher Aspekt ist aber die Person Einstein selbst. Anders als viele seiner Kollegen war er humorvoll, und er hatte keine Scheu, zu politischen und gesellschaftlichen Problemen öffentlich eindeutig Stellung zu nehmen. Auch sein Äußeres trug und trägt noch heute entscheidend zu seiner Popularität bei: Mit seinem zerzausten Haar, der manchmal mehr als legeren Kleidung und dem un-

---

Ob mir das lächerlich vorkommt, diese hier wie dort festzustellende Aufregung der Massen über meine Theorien, von denen die Leute doch kein Wort verstehen? Es ist komisch und auch interessant zu beobachten. Ich bin sicher, dass es das Mysterium des Nicht-Verstehens ist, was sie so oft anzieht.
Einstein im ›Nieuwe Rotterdamsche Courant‹, 4.7.1921

schuldig-treuen Blick gab er *das* Symbol für einen vergeistigten Professor ab.

Die Welle der Begeisterung für die Relativitätstheorie machte sich auf geschickte Weise Max Born zunutze. An den Universitäten wurden die finanziellen Mittel wegen der hohen Inflation immer knapper. Um diesem Dilemma entgegenzuwirken, hielt Born im Sommerhalbjahr 1920 jeden Dienstag gegen Eintrittsgeld eine einstündige Vorlesung über die »Relativitätstheorie in elementarer Darstellung«. Die Veranstaltungen waren so gut besucht, dass Born damit den Etat seines Instituts um 6000 Mark aufbessern konnte. Diese zusätzlichen Einnahmen ermöglichten die Fortsetzung des legendären Versuches von Otto Stern und Walther Gerlach. Mit ihm wiesen sie nach, dass das magnetische Moment von Atomen nicht beliebig ausgerichtet ist, wie man es klassisch erwarten würde, sondern nur ganz bestimmte Quantenzustände einnimmt. Für diesen Nachweis erhielten Stern und Gerlach 1943 den Physik-Nobelpreis. Born fasste die Vorlesungen in einem Buch zusammen, das sich sehr gut verkaufte. Insgesamt erschienen sechs Auflagen, die letzte im Jahr 2000.

Doch dem euphorischen Jubel mischten sich bald feindselige Untertöne bei. Die polemischen Angriffe der Antisemiten und Nationalsozialisten mit ihren dramatischen Konsequenzen ließen nicht lange auf sich warten.

Vom Kulturfaktor ersten Ranges zum politisch Verfolgten

Die ersten Anfeindungen kamen von einem bis dahin Unbekannten namens Paul Weyland, der bald unter dem Spitznamen »Berliner Einstein-Töter« zu zweifelhaftem Ruhm gelangte. Er gründete die »Arbeitsgemeinschaft deutscher Naturforscher zur Erhaltung reiner Wissenschaften e.V.« und startete seine Angriffe im August 1920 mit einem Zeitungsartikel und kurz darauf mit einer Vortragsveranstaltung in der Philharmonie. Weyland und der mit ihm befreundete Physiker Ernst Gehrcke, der sich schon zuvor als Antirelativist hervorgetan hatte, nutzten diese Plattformen, um die Relativitätstheorie als »wissenschaftlichen Dadaismus« und »Massensuggestion« zu denunzieren. Darüber hinaus bezichtigten sie Einstein des Plagiats. Einstein reagierte in einem Artikel im ›Berliner Tageblatt‹ mit ungewohnt scharfen Worten auf die, wie er es nannte, antirelativitätstheoretische G.m.b.H. Gegenüber Freunden zog er sogar die Emigration aus Deutschland in Betracht. Das machte die Politiker im preußischen Kultusministerium nervös, für die Einstein ein »Kulturfaktor ersten Ranges« war.

Es dauerte nicht lange, bis man Weylands wirkliche Motive hinter den Attacken entdeckte, nämlich puren Antisemitismus. Selbst Gehrcke nannte ihn bald einen Schwindler, was

> Unter dem anspruchsvollen Namen ›Arbeitsgemeinschaft deutscher Naturforscher‹ hat sich eine bunte Gesellschaft zusammengetan, deren vorläufiger Daseinszweck es ist, die Relativitätstheorie und mich als deren Urheber in den Augen der Nichtphysiker herabzusetzen. ... Ich bin mir sehr wohl des Umstandes bewußt, daß die beiden Sprecher [Weyland und Gehrcke] einer Antwort aus meiner Feder unwürdig sind; denn ich habe guten Grund zu glauben, dass andere Motive als das Streben nach Wahrheit diesem Unternehmen zugrunde liegen.
>
> *Einstein im ›Berliner Tageblatt‹, 27. 8. 1920*

sich auch in Weylands weiterem Lebensweg bewahrheitete. Fortwährend schlug er sich mit Schwindeleien durchs Leben und floh deshalb 1933 nach Spanien. Drei Jahre später bürgerten ihn die deutschen Behörden aus. Als er wenige Jahre darauf nach Deutschland zurückkehrte, wurde er festgenommen und musste von 1939 bis 1945 in den Konzentrationslagern Dachau und Sachsenhausen einsitzen. Nach seiner Befreiung arbeitete er für die amerikanische Besatzungsmacht. 1948 wanderte er in die USA aus, wo er von diversen Jobs in Kaufhäusern lebte. In der berüchtigten McCarthy-Ära griff er dann erneut in Einsteins Leben ein. Er denunzierte ihn beim FBI als angeblichen Kommunisten, wahrscheinlich um sein noch laufendes Einbürgerungsverfahren günstig zu beeinflussen. Wegen wachsender Geldnot kehrte Weyland 1967 nach Deutschland zurück, wo er im Wesentlichen von einer schmalen Rente und einer Beihilfe aus einem Härteausgleichsgesetz lebte. Er starb am 6. Dezember 1972 in Bad Pyrmont.

Weyland hatte jedoch frühzeitig nach gewichtigen Mitstreitern gesucht und diese in Philipp Lenard sowie Johannes Stark gefunden. Lenard hatte sich einige Male in sachlicher Form gegen die Relativitätstheorie gewandt. Im September 1920 kam es bei der Naturforscherversammlung in Bad Nauheim zur direkten Auseinandersetzung mit Einstein. Auch hier blieb die Diskussion weitgehend sachlich, wobei Lenard an der Existenz des Äthers als notwendigem Medium festhielt und der Relativitätstheorie Unanschaulichkeit vorwarf.

Auf die Kollegen im In- und Ausland machten diese Angriffe keinen sonderlichen Eindruck. Die Begeisterung für die Relativitätstheorie war ungebrochen. Aus aller Welt erhielt Einstein Einladungen zu Vorträgen, die Universität Leiden

Philipp Lenard (7.6.1862–20.5.1947) kam in Preßburg (Bratislava) zur Welt. Er studierte Physik in Budapest, Wien und Berlin, promovierte 1886 in Göttingen und habilitierte bei Heinrich Hertz in Bonn. Bald begann er mit Experimenten zu Kathodenstrahlen und entwickelte 1892 eine Entladungsröhre mit Lenard-Fenster. Als Röntgen 1895 seine X-Strahlen entdeckte, ärgerte sich Lenard darüber, dass er nicht selbst auf dieses Phänomen gestoßen war. 1898 ging er als Ordinarius für Physik an die Universität Kiel, wo er

richtete ihm eine mehrwöchige Gastprofessur ein. Diese Aktivitäten ließ sich Einstein, der wegen Unterhaltszahlungen wieder Geldsorgen hatte, großzügig honorieren. Lediglich bei den amerikanischen Universitäten von Princeton und Wisconsin überspannte er den Bogen anfangs, als er je 15 000 Dollar für eine sechswöchige Vortragsreihe verlangte. Das entsprach etwa dem doppelten Jahresgehalt eines Professors, was selbst diesen angesehenen Institutionen zu viel war. Im Frühjahr 1921 kam es dann aber doch zu einer zwei Monate dauernden Amerikareise, die sich zu einem Triumphzug entwickelte. Bei der Ankunft in New York erwarteten ihn der Bürgermeister und eine Schar von Reportern. Vor dem Rathaus jubelten ihm Tausende von Bürgern zu, anschließend verlieh man ihm die Ehrenbürgerwürde. Man reichte ihn herum wie einen »prämierten Ochsen«, wie er selbst bemerkte. Die ganzen USA befanden sich im Einstein-Fieber, alle wollten den berühmten Mann sehen und seine Vorträge hören – auch wenn er sie auf Deutsch hielt und sie übersetzt werden mussten.

Ein kleines Ereignis ist noch erwähnenswert. Nach einem Vortrag an der Universität Princeton, die ihm die Ehrendoktorwürde verliehen hatte, tauchte plötzlich das Gerücht auf, ein Professor Miller habe bei einem erneuten Michelson-Morley-Experiment nun doch die Existenz des Äthers nachgewiesen und damit die Relativitätstheorie widerlegt. Einstein beunruhigte die Nachricht wenig. Er kommentierte sie lediglich mit dem später berühmt gewordenen Bonmot: »Raffiniert ist der Herrgott, aber boshaft ist er nicht.« Neun Jahre später meißelte man diese Worte in den Kaminsims des Aufenthaltsraumes der Fine Hall. Millers Experimente erwiesen sich bald als falsch.

---

wichtige Gesetzmäßigkeiten des lichtelektrischen Effekts entdeckte. Vollständig klären sollte dieses Phänomen jedoch Einstein. Im Jahre 1905 erhielt Lenard für seine Arbeiten zu den Kathodenstrahlen den Physik-Nobelpreis, 1907 ging er als Direktor des Instituts für Physik und Radiologie nach Heidelberg. Ab 1919 interessierte er sich für Hitlers Thesen und lernte ihn 1926 sogar persönlich kennen. In seinem rassischen Fanatismus wurde er zum prominentesten Vertreter der »Deutschen Physik«.

Einstein war jedoch nicht nur in die Vereinigten Staaten gekommen, um Vorträge über die Relativitätstheorie zu halten. Der berühmte Jude war nämlich auch für die Zionistische Weltorganisation, die damals der spätere Staatspräsident Israels Chaim Weizmann leitete, interessant geworden. Der in London lebende Weizmann hatte sich Anfang 1921 an Einstein mit der Bitte gewandt, in Amerika Spenden für einen jüdischen Aufbaufonds einzuwerben, mit dem vor allem eine hebräische Universität in Jerusalem gegründet werden sollte. Nach längerem Zögern hatte Einstein eingewilligt und trat in den USA als Spendeneintreiber auf. Sein Verhältnis zu Weizmann und dem Zionismus war jedoch gespalten und blieb es auch. Einerseits fühlte er sich mit den Juden in aller Welt verbunden. An den Central-Verein Deutscher Staatsbürger Jüdischen Glaubens schrieb er: »Ich bin weder deutscher Staatsbürger, noch ist irgend etwas in mir, was man als ›jüdischen Glauben‹ bezeichnen kann. Aber ich freue mich, dem jüdischen Volke anzugehören, wenn ich dasselbe auch nicht für das auserwählte halte.« Wegen seiner kosmopolitischen und strikt antinationalen Haltung konnte er aber nicht das Ziel eines eigenständigen israelischen Staates unterstützen.

Die Rückreise führte ihn zunächst nach England. Dort wurde er zwar nicht so überschwänglich empfangen wie in den USA, aber nach einem Vortrag im Londoner King's College und einem glanzvollen Dinner verloren die hohen Gäste ihre Vorbehalte gegenüber dem Gelehrten aus dem einst verfeindeten Deutschland. Es dauerte jedoch noch vier weitere Jahre, bevor ihm die Royal Society die begehrte Copley-Medaille und ein Jahr darauf die Royal Astronomical Society die

---

Wir begrüßen den neuen Kolumbus der Naturwissenschaften, der einsam durch die fremden Meere des Denkens fährt.
Aus der Rede zur Verleihung der Ehrendoktorwürde der Universität Princeton

Goldmedaille verliehen. Zu der Zeit hatte er freilich schon den Nobelpreis erhalten.

Zurück in Deutschland sah sich Einstein mittlerweile mit immer mehr gesellschaftlichen Verpflichtungen konfrontiert. Anfang 1921 hatte man ihn als jüngstes Mitglied in den Orden »Pour le mérite« aufgenommen, und immer häufiger traf er sich mit den Größen aus Politik und Gesellschaft, wie etwa Walter Rathenau.

Unter dem Eindruck des noch nicht so fernen Krieges ist auch eine Reise nach Paris zu beurteilen. Sein Freund Paul Langevin lud ihn zu Vorlesungen am Collège de France ein. Einstein fuhr Ende März 1922 nach Frankreich, doch die Französische Physikalische Gesellschaft weigerte sich zunächst, ihn zu empfangen. Nachdem der berühmte Gelehrte einige Vorlesungen gehalten und auf Diners seine Freundschaft zu Frankreich glaubwürdig vorgetragen hatte, waren die Dämme aber gebrochen. Einstein freute sich darüber, »guten Willen zur Verständigung gefunden zu haben«. In Deutschland dagegen sah man seine politische Annäherung mancherorts mit großer Skepsis.

Möglicherweise fühlte sich Einstein wohl in seiner Rolle als unfreiwilliger Botschafter eines neuen, friedliebenden Deutschland, doch schon kurz nach seiner Rückkehr aus Frankreich traf er auf die neue deutsche Wirklichkeit. Am 24. Juni 1922 wurde Walther Rathenau auf offener Straße von zwei antisemitischen Rechtsradikalen erschossen. Der erst im Februar des Jahres zum Außenminister des Deutschen Reichs

28 Walther Rathenau
(1867–1922)

> Nun kommt er zum Schluß und sagt von uns, die wir hier seien, um unser Brot zu verdienen, die wir Ententeknechte seien, die wir deshalb die Politik machen, damit wir der Entente gefallen und dadurch eine Anstellung haben: »... nur daß diese Kreise von der Arbeiterschaft nicht zu dem Schluß kommen, daß das ganze System zum Teufel gejagt werden muß, weil wir in Berlin eine deutsche Regierung, aber keine Ententekommission brauchen.« Meine Damen und Herren! Wo ist ein Wort gefallen im Laufe des Jahres von Ihrer Seite gegen das Treiben derjenigen, die die Mordatmosphäre in Deutschland tatsächlich geschaffen haben?! Da wundern Sie sich über die Verwilderung der Sitten, die damit eingetreten ist? Wir haben in Deutschland geradezu eine politische Vertiertheit.
> *Reichstagsmitglied Joseph Wirth von der Zentrum-Partei*
> *über einen Artikel des Reichstagsmitglieds Reinhold Wulle*
> *im ›Deutschen Tageblatt‹ nach Rathenaus Ermordung*

ernannte ehemalige Industrielle hatte den Vertrag von Rapallo mit Sowjetrussland unterzeichnet und galt der völkischen Rechten als Inkarnation der verhassten »Judenrepublik«. In seiner Trauerrede machte der Reichskanzler Joseph Wirth die hemmungslose Hetze der nationalistischen Presse für den Mord an Rathenau verantwortlich und sprach von einer politischen »Vertiertheit« in Deutschland.

Damit lag die Befürchtung nahe, dass auch Einstein ernsthaft in Gefahr war. Planck schrieb er, er sei davor gewarnt worden, sich in Berlin aufzuhalten und in Deutschland öffentlich aufzutreten. Im selben Brief teilte er ihm deshalb mit, dass er auf der hundertsten Jahresversammlung der Deutschen Naturforscher und Ärzte einen bereits zugesagten Vortrag nicht halten könne. Der sonst so besonnene Planck war außer sich und entrüstete sich in einem Brief an Max von

---

Im Jahre 1922 kam es in **Heidelberg** zu einem denkwürdigen Zwischenfall. Am 27. Juni war anlässlich der Beisetzung Walther Rathenaus Staatstrauer angeordnet, an dem alle öffentlichen Gebäude auf Halbmast flaggen mussten. Der Direktor des Physikalischen Instituts, Philipp Lenard, widersetzte sich der Anordnung und befahl seine Mitarbeiter zur Arbeit. Als Mitglieder des sozialistischen Studentenbundes und der Gewerkschaften davon erfuhren, marschierten sie zu Lenards Institut und demonstrierten vor dem Gebäude.

> Dem Juden fehlt auffallend das Verständnis für Wahrheit, für mehr als nur scheinbare Übereinstimmung mit der von Menschen-Denken unabhängig ablaufenden Wirklichkeit, im Gegensatz zum ebenso unbändigen wie besorgnisvollen Wahrheitswillen der arischen Forscher.
> *Philipp Lenard in seinem Buch ›Deutsche Physik‹, 1936*

Laue, dass eine »Mörderbande ... einer rein wissenschaftlichen Gesellschaft ihr Programm diktiert.«

In der ersten Aufregung beschloss Einstein sogar, gemeinsam mit seiner Frau nach Kiel zu ziehen, wo sein Freund Hermann Anschütz-Kaempfe eine große Firma besaß. Ein paar Tage später verwarf er diesen Plan jedoch wieder und begnügte sich mit sporadischen Aufenthalten in einem kleinen, gemieteten Häuschen einer Kleingartensiedlung in Spandau an der Havel.

Währenddessen bekam sein Kontrahent Lenard im Zuge der völkisch-nationalen Bewegung Aufwind und zeigte bald unverhohlen seine antisemitische Einstellung. Er mahnte vor der versteckten Begriffsverwirrung, die »nicht Rassekundige« verbreiten würden und polemisierte wo es nur ging gegen die Relativitätstheorie. Lenard wusste sich hier in einer Linie mit einem gewissen Adolf Hitler, der im Januar 1921 im ›Völkischen Beobachter‹ davor warnte, dass die Wissenschaft durch Hebräer gelehrt werde, »denen diese Wissenschaft nur Mittel ist zur bewussten, planmäßigen Vergiftung unserer Volksseele.« Ein halbes Jahr später wurde Hitler Vorsitzender der NSDAP.

In dieser Zeit persönlicher Unruhe kam Einstein eine Einladung zu einer Vortragsreihe durch Japan gerade recht. Or-

---

Plötzlich ergoss sich aus einem Fenster im ersten Stock ein dicker Wasserschwall auf die Demonstranten. Daraufhin stürmten diese das Institut und schleppten Lenard auf die Straße. Als sie die Neckarbrücke erreichten, forderten einige, Lenard in den Fluss zu werfen. Nur der Umsicht einiger Besonnener verdankte es der Physiker, dass er trockenen Fußes in Gewahrsam genommen wurde. Polizei und Staatsanwaltschaft wurden daraufhin eingeschaltet, denen es gelang, Lenard unbeschadet zu befreien.

ganisiert und finanziert hatte sie ein japanischer Verlag, der den Philosophen Bertrand Russell mit der Auswahl bedeutender Persönlichkeiten der Weltgeschichte beauftragt hatte. Russell nannte nur Lenin und Einstein. Lenin hatte keine Zeit, Einstein fuhr. Im Oktober 1922 verließ er gemeinsam mit seiner Frau Europa an Bord des Ozeandampfers Kitano Maru. Mitte November erreichten sie nach mehreren Zwischenstopps Japan. Die Vortragsreihe wurde ein enormer Erfolg. Die Vortragssäle waren gebrochen voll, obwohl die Eintrittspreise sehr hoch waren und Einsteins deutsche Reden ins Japanische übersetzt werden mussten.

Auf dem Rückweg machten die Einsteins für zwei Wochen Halt in Palästina und besuchten unter anderem Jerusalem und Tel Aviv, wo man ihm die Ehrenbürgerschaft übertrug, auf die er sehr stolz war. Hier konnte er sich zum ersten Mal mit eigenen Augen davon überzeugen, wie die Juden unter widrigsten Bedingungen am Aufbau einer Gesellschaft arbeiteten. Dennoch blieb er bei seiner Einschätzung, dass es einen jüdischen Staat nicht geben werde: »Es wird ein moralisches Zentrum werden, aber keinen großen Teil des jüdischen Volkes aufnehmen können«, schrieb er seinem Freund Solovine.

Wichtiger als die Reise war indes ein Funkspruch, der die Kitano Maru am 10. November oder wenig später erreichte, als sie gerade an der chinesischen Küste vorbeizog. Hierin wurde Albert Einstein mitgeteilt, dass ihm die Königliche Schwedische Akademie der Wissenschaften den Nobelpreis für Physik für das Jahr 1921 verliehen hatte. Einstein war möglicherweise gar nicht sehr überrascht, denn noch kurz vor seiner Abreise hatte von Laue ihm in einem Brief angedeutet, dass im Dezember seine »Anwesenheit in Europa wünschens-

29   Einstein mit seiner Frau Elsa an Bord der Kitano Maru 1922

wert« sein könne. Dafür spricht auch, dass er die Nachricht nicht in seinem Reisetagebuch vermerkte. Außerdem war das Preisgeld ohnehin seiner ehemaligen Frau versprochen.

Die verwickelte Geschichte um den Nobelpreis und die immer wieder gestellte Frage, warum Einstein nicht für die Relativitätstheorie ausgezeichnet wurde, hat sein Biograph Abraham Pais minuziös nachgezeichnet. Schon der Brief des Sekretärs der Akademie, Christopher Aurivillius, deutet die Komplikationen an. Hierin erklärt er, man würdige seine »Beiträge zur theoretischen Physik und insbesondere für Ihre Entdeckung des photoelektrischen Effekts, ohne damit jedoch ein Werturteil über Ihre Theorien der Relativität und Gravitation abzugeben, sofern diese bestätigt werden.«

Die Berichte des Nobelkomitees belegen, dass Einstein zwischen 1909 und 1922 fast jedes Jahr für den Preis nominiert worden war, außer in den Jahren 1911 und 1915. Als Erster schlug ihn der Chemiker Wilhelm Ostwald für die Spezielle Relativitätstheorie vor. Immer wieder wurde aber darauf verwiesen, dass man erst zweifelsfreie experimentelle Bestätigungen bräuchte, bevor man Einstein dafür auszeichnen könne. Im Jahre 1917 wurden dann auch erstmals seine Arbeiten zur Gravitation als Begründung angeführt. Aber auch hier wartete man auf einen experimentellen Beleg. Im Jahre 1919 wollte man auf jeden Fall das Ergebnis der Sonnenfinsternis abwarten. Als dieses schließlich vorlag und die Messwerte die Vorhersagen der Allgemeinen Relativitätstheorie bestätigten, waren zwar die Physiker weltweit überzeugt, nicht jedoch das Nobelpreiskomitee.

Als 1921 so namhafte Physiker wie Planck, Eddington und Hadamard Einstein erneut mit Nachdruck vorschlugen, be-

> Der nominale und reale **Wert** (bezogen auf 2002) des Nobelpreises unterliegt großen Schwankungen. Zu Beginn der 1920er Jahre, als Einstein ihn erhielt, hatte der reale Wert einen Tiefststand erreicht. Erst 1991 überstieg der Realwert wieder den von 1901.

auftragte das Komitee sein Mitglied Allvar Gullstrand mit einem Bericht über die Relativitätstheorie. Gullstrand war Professor für Augenheilkunde an der Universität Uppsala und hatte 1911 den Nobelpreis für Medizin erhalten. Seine Erfahrung mit der Optik sollte ihn wohl zu dieser Aufgabe befähigen. Der von ihm abgelieferte Bericht, in dem er Einstein nicht empfahl, belegt, dass er wesentliche Aspekte der Allgemeinen Relativitätstheorie nicht verstanden hatte.

Im folgenden Jahr war die Liste der Einstein-Befürworter noch länger geworden. Der französische Physiker Léon Brillouin gab zu bedenken: »Man muss sich einmal überlegen, was die Menschen in 50 Jahren denken werden, wenn Einsteins Name nicht unter den Nobelpreisträgern auftaucht.« Gullstrand blieb bei seinem ablehnenden Votum. Gleichzeitig legte der theoretische Physiker Carl Wilhelm Oseen von der Universität Uppsala eine ausgezeichnete Analyse von Einsteins Arbeit über das Lichtquant aus dem Jahre 1905 vor. Dieser Bericht gab den Ausschlag. Das Komitee verlieh Einstein den Physik-Nobelpreis im Jahre 1922 nachträglich für das Jahr 1921. Gleichzeitig und für das Jahr 1922 ehrte es Niels Bohr mit dem Physik-Nobelpreis für seine »Verdienste um die Erforschung der Struktur der Atome und der von ihnen ausgehenden Strahlung«. Bohr übersandte Einstein ein Gratulationsschreiben, auf das dieser freudig antwortete: »Besonders reizend finde ich Ihre Angst, Sie könnten den Preis vor mir bekommen – das ist ächt bohrisch.«

Demnach erhielt Einstein den begehrten Preis nicht für seine Relativitätstheorie, weil die Akademiemitglieder sie nicht kompetent genug beurteilen konnten. »Oseens Vorschlag, den Preis für den Photoeffekt zu vergeben, muss daher als

---

Der Einsteinturm: Kurz nach der Bestätigung der Allgemeinen Relativitätstheorie wurden 150 000 Mark zur Verfügung gestellt, um die von Einstein vorhergesagte Verschiebung von Spektrallinien im Spektrum der Sonne zu messen. Im Frühjahr 1920 begannen die Jenaer Firmen Schott und Zeiss sowie der Architekt Erich Mendelsohn mit der Planung eines Turmteleskops. 1922 war der »Einsteinturm« fertig gestellt und zwei Jahre später die Instrumente installiert. Der gesuchte Effekt konnte hiermit jedoch nicht nachgewiesen

Befreiung von widerstreitenden Zwängen empfunden worden sein«, urteilt Pais. Ohne Frage war aber auch Einsteins Arbeit zum Photoeffekt, die er selbst als Einzige revolutionär nannte, nobelpreiswürdig. Sie bahnte der Quantentheorie den Weg, lieferte eine Erklärung der Planckschen Konstante und stellte eine einfache Beziehung zwischen der Energie und der Wellenlänge eines Photons her. Planck hatte das so genannte Wirkungsquantum 1900 eingeführt, dessen physikalische Bedeutung aber nicht erkannt.

Die längst überfällige Verleihung des Nobelpreises hatte indes eine kuriose Folge: Einsteins Staatsangehörigkeit war unklar. Sowohl das Deutsche Reich als auch die Schweiz beanspruchten den berühmten Gelehrten für sich. Diese Unklarheit war umso prekärer, als man Einstein die Medaille nicht selbst überreichen konnte und an seiner Stelle ein Vertreter seines Heimatlandes den Preis in Empfang nehmen musste. Nun hatte Einstein als Mitglied der Akademie 1913 automatisch die preußische Staatsangehörigkeit erworben, sofern er sich nicht ausdrücklich von ihr habe befreien lassen. Einstein gab an, er habe bei seiner Berufung Wert darauf gelegt, seine schweizerische Staatsbürgerschaft zu behalten. Dem hatte man damals auch zugestimmt, aber eine schriftliche Festlegung auf die ausschließliche Schweizer Staatsangehörigkeit lag nicht vor. Schließlich musste Einstein der Forderung zustimmen, dass er auch preußischer Staatsbürger sei. Obwohl er gleichzeitig die Schweizer Staatsbürgerschaft behielt, erhielt er den Nobelpreis als Preuße und Reichsdeutscher.

Medaille und Urkunde händigte man ihm in Berlin aus, aber um einen Festvortrag kam er nicht herum. Der Vorsitzende der Schwedischen Akademie, Svante Arrhenius, bot

---

werden. Heute gilt das Gebäude als bedeutendes Beispiel expressionistischer Architektur.

30 Der Einsteinturm in Potsdam

Einstein an, nicht bis zum üblichen Termin im Dezember zu warten, sondern bereits im Juli in Göteborg vor der Skandinavischen Wissenschaftlichen Gesellschaft seinen Vortrag zu halten. Einstein sprach hier nicht über den Photoeffekt, für den ihn das Komitee ausgezeichnet hatte, sondern über »Grundgedanken und Probleme der Relativitätstheorie« und unterhielt sich anschließend angeregt mit König Gustav V., der traditionell den Preis überreichte.

Während Einstein seinen wissenschaftlichen Ruhm in vollen Zügen genießen konnte, braute sich politisch schon wieder etwas zusammen. Die wirtschaftlichen Bedingungen hatten sich 1923 wesentlich verschlechtert, die Inflation stieg unaufhaltsam, wodurch die NSDAP immer mehr Zulauf erhielt. Am 26. September wurde in Bayern der Ausnahmezustand verhängt und Gustav von Kahr zum Generalstaatskommissar ernannt. Gleichzeitig erweiterte Reichspräsident Friedrich Ebert den Ausnahmezustand auf die ganze Republik. Jetzt sah Hitler seine große Chance. Er versuchte, von Kahr zum Putsch zu überreden und einen »Marsch auf Berlin« vorzubereiten. Als von Kahr sich weigerte, stürmte Hitler mit seinen Kampfgenossen eine Versammlung im Münchner Bürgerbräukeller und erklärte sowohl die bayerische wie auch die Reichsregierung für abgesetzt. Wenige Tage später wurde der Putschversuch gewaltsam niedergerungen, als sich Hitler mit seinen Anhängern vor der Feldherrnhalle versammelte. Der Rädelsführer wurde zu fünf Jahren Festungshaft verurteilt, aber bereits nach acht Monaten wieder entlassen.

Der Funke der deutschnationalen Erhebung war nach Berlin übergesprungen. Geschäfte jüdischer Immigranten wurden geplündert und Juden in ihren Wohnungen misshandelt.

> Entschlüsse haben in meinem Leben eine ganz untergeordnete Rolle gespielt. Alles geschah direkt aus dem Bedürfnis und ohne Plan.
> *Einstein am 31.1.1930 an Josef Strasser*

Offenbar erhielt auch Elsa Einstein einen Drohanruf. Umgehend packte das Ehepaar Einstein die Koffer und reiste zu Paul Ehrenfest nach Leiden. Erneut spielte Einstein mit dem Gedanken, Deutschland zu verlassen. Wieder war es Max Planck, der Einstein inständig bat zu bleiben. Offenbar nahm dieser die Geschichte letztlich doch nicht so ernst, denn um die Weihnachtszeit kehrte er mit Elsa aus der »immerhin recht fröhlichen Verbannung« zurück.

In den 1920er Jahren führte Einstein nicht nur einen Kampf gegen seine persönlichen Gegner, sondern geriet auch auf der wissenschaftlichen Seite in eine harte Konfrontation. Schon bald nach der Fertigstellung der Allgemeinen Relativitätstheorie Ende 1915/Anfang 1916 hatte er bereits sein nächstes Ziel anvisiert, das er in seinem Nobelvortrag öffentlich kundtat. Einer der Ausgangspunkte für die Allgemeine Relativitätstheorie war Maxwells Theorie der elektromagnetischen Felder gewesen. Jetzt ließ sich auch die Schwerkraft als Feld beschreiben, so dass die Naturkräfte auf einem einheitlichen Prinzip beruhten. Aber »der nach Einheitlichkeit der Theorie strebende Geist kann sich nicht damit zufrieden geben, dass zwei ihrem Wesen nach voneinander ganz unabhängige Felder existieren sollen. Man sucht nach einer mathematisch einheitlichen Feldtheorie, in welcher das Gravitationsfeld bezw. das elektromagnetische Feld nur als verschiedene Komponenten bezw. Erscheinungsformen des gleichen einheitlichen Feldes aufgefasst sind.« Damit hatte er sich eine Aufgabe gestellt, an der er bis zu seinem Tod vergeblich arbeiten sollte.

Einstein war überzeugt davon, dass sich eine verallgemeinerte Feldtheorie nur auf mathematischem Wege würde fin-

---

»Ich«, sagte Einstein, »vertraue auf Intuition.«
»Ich«, erwiderte Rockefeller, »vertraue auf Organisation.«
Liberty Magazine, 9.1.1932

den lassen. »Eine Theorie kann an der Erfahrung geprüft werden, aber es gibt keinen Weg von der Erfahrung zur Aufstellung einer Theorie«, schrieb er später in seinen Erinnerungen ›Autobiographisches‹. Damit hatte er sich in seiner Vorgehensweise noch weiter auf die Mathematik verlagert als er es bereits bei der Suche nach der Allgemeinen Relativitätstheorie getan hatte. Bei der Suche nach einer einheitlichen Feldtheorie beschritt Einstein immer wieder neue Wege. Und nicht nur er.

Im Jahre 1919 erhielt er eine Arbeit von einem Mathematiker der Universität Königsberg namens Theodor Kaluza mit der Bitte, ihre Veröffentlichung zu unterstützen. Kaluza machte den Vorschlag, die vierdimensionale Raumzeit um eine weitere Raumdimension zu erweitern, was die Möglichkeit eröffnen sollte, Gravitation und Elektromagnetismus einheitlich zu beschreiben. Einstein zeigte sich begeistert, forderte ihn aber auf, seine Theorie auf eine Reihe von Problemen anzuwenden. Obwohl Kaluzas fünfdimensionale Mathematik nicht zum erhofften Ziel führte, empfahl Einstein die Veröffentlichung, wenn auch erst im Jahre 1921. Zwei Jahre später befiel Einstein »eine ziemlich resignierte Stimmung bezüglich des ganzen Problems«, wie er Hermann Weyl an der ETH Zürich schrieb.

Alle Versuche, eine einheitliche Feldtheorie zu entwickeln, scheiterten indes nicht an der Mathematik, sondern an der Physik, genauer gesagt an der Quantentheorie. Sie beschrieb die Teilchen und Kräfte im atomaren Bereich auf grundsätzlich andere Art als die Allgemeine Relativitätstheorie die Schwerkraft. Aus heutiger Sicht kam noch hinzu, dass man von zwei weiteren Kräften, nämlich der schwachen und der starken Kraft im Innern der Atome, nichts wusste.

Theodor Kaluza (9.11.1885 – 19.1.1954) studierte und habilitierte an der Universität Königsberg, wo er bis 1929 Privatdozent war. Es folgten Professuren an den Universitäten Kiel und Göttingen. Er befasste sich mit mathematischen Aspekten der Relativitätstheorie und führte 1921 eine fünfte Dimension ein. Mit dem schwedischen Physiker Otto Klein entwickelte er 1926 eine fünfdimensionale Theorie zur Vereinheitlichung von Quanten- und Gravitationstheorie. Ansätze der Kaluza-Klein-Theorie werden zuweilen auch heute noch aufgegriffen.

In diesem Spannungsfeld von Quanten- und Gravitationstheorie entwickelte sich Mitte der 1920er Jahre der aufregendste Disput in der Geschichte der Physik, der die klügsten Köpfe der damaligen Zeit zusammenführte. Im Grunde kämpfte Einstein allein gegen den Rest der Physiker.

Er selbst hatte 1905 den Startschuss zur Quantentheorie gegeben, als er in seiner Nobelpreis-gekrönten Arbeit Licht als Teilchen beschrieben hatte. Gleichzeitig war ihm natürlich klar, dass Licht in vielen Experimenten eindeutig als Welle in

Die Natur des Lichts
Die Frage nach der Natur des Lichts zieht sich wie ein roter Faden durch die Physikgeschichte. Im 17. Jahrhundert stellte man fest, dass Licht an Rändern von Objekten gebeugt wird und dadurch an Stellen gelangt, die es bei geradliniger Ausbreitung nicht erreichen könnte. Dies führte zu der Wellentheorie des Lichts, wie sie insbesondere der holländische Physiker Christiaan Huygens formuliert hat. Dem gegenüber stand die Theorie Newtons. Er nahm an, dass Licht aus einem Teilchenstrom besteht. Im Jahre 1802 schien dann die Wellentheorie endgültig bewiesen zu sein, als der englische Physiker Thomas Young seinen legendären Doppelspalt-Versuch durchführte. Young leitete Licht durch zwei schmale Spalten in einem Karton. Hinter dieser Doppelblende fiel das Licht auf die Projektionswand. Überraschenderweise bildeten sich dort nicht die zwei Spalten hell ab, sondern es erschien ein Muster aus mehreren hellen und dunklen Streifen. Dieser Versuch lässt sich damit erklären, dass Licht eine Welle ist. Hinter den beiden Spalten überlagern sich die Wellen, und es kommt zur Interferenz. Dabei löschen sich die Wellen auf dem Schirm teilweise aus (dunkle Bereiche) und addieren sich konstruktiv (helle Streifen). Experimente im 20. Jahrhundert demonstrierten dann, dass auch Teilchen ein solches Interferenzmuster erzeugen. Dies führte zum Welle-Teilchen-Dualismus: Teilchen besitzen Wellencharakter und Wellen Teilcheneigenschaften. Die Quantentheorie verbindet diese beiden Aspekte in einem einheitlichen Konzept.

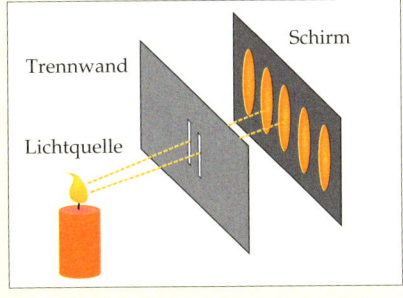

32   Niels Bohr

Erscheinung tritt. Am deutlichsten äußert sich dies in dem berühmten Doppelspaltversuch von Thomas Young aus dem Jahre 1802. Schon 1909 war Einstein klar, dass die nächste Phase der Physik eine Art Verschmelzung von Wellen- und Teilchencharakter des Lichts bringen müsse. Bis 1916 absorbierten ihn die Arbeiten zur Allgemeinen Relativitätstheorie so stark, dass er sich diesem Problem nicht widmen konnte. Doch noch in diesem Jahr veröffentlichte er zwei brillante Arbeiten zur Quantentheorie, in denen er grundlegende Annahmen aus der neuen Atomtheorie von Niels Bohr verwandte.

Der junge dänische Physiker hatte 1912 eine Assistentenstelle bei Ernest Rutherford in Manchester bekommen und sich dort mit dem Atomaufbau beschäftigt. Im Jahre 1913 veröffentlichte er drei Arbeiten, in denen er ein revolutionäres physikalisches Modell vorschlug. Demnach kann sich ein Atom in verschiedenen Zuständen befinden, wobei jeder Zustand dadurch ausgezeichnet ist, dass sich die Elektronen auf ganz bestimmten Bahnen um den Kern bewegen. Springt ein Elektron von einer höheren Bahn auf eine niedrigere hinunter, wechselt das Atom von einem energiereichen Zustand zu einem energieärmeren und sendet ein Strahlungspaket (Photon) aus. Dessen Energie entspricht genau der Energiedifferenz dieser beiden Zustände. Die Frequenzen der Photonen hatte man in Spektren vom Wasserstoff gemessen, so dass sich die Radien der Elektronenbahnen mit der Planckschen Konstante berechnen ließen. Mit diesem Modell konnte Bohr

Niels Bohr (7.10.1885–18.11.1962) war einer der führenden Quantenphysiker des 20. Jahrhunderts. Er studierte in Kopenhagen und arbeitete 1911–1916 mit Unterbrechungen bei J.J. Thomson in Cambridge und E. Rutherford in Manchester. 1913 veröffentlichte er sein berühmtes Atommodell. In den 1920er Jahren entwickelte er mit Heisenberg u. a. die moderne Quantenmechanik und ihre »Kopenhagener Deutung«. Bohr erhielt zahllose Ehrungen, darunter 1922 den Physik-Nobelpreis. Außerdem erwies er sich politisch stets als integre Person.

> Als er nach Kopenhagen kam, holte ich ihn natürlich am Bahnhof ab. Von dort nahmen wir die Straßenbahn. Wir waren so ins Gespräch vertieft, dass wir viel zu weit fuhren. Wir stiegen aus und fuhren zurück, aber wieder zu weit, ich weiß nicht mehr, wie viele Haltestellen.
>
> *Bohr über Einsteins Besuch in Kopenhagen 1923*

die beobachteten Eigenschaften von Wasserstoffspektren erklären. Aber die Theorie widersprach eklatant den Gesetzen der klassischen Elektrodynamik. Rutherford fragte denn auch spöttisch seinen Assistenten: »Mir scheint, dass Sie annehmen, dass das Elektron von vornherein weiß, wo es stoppen wird.«

Einstein zeigte sich sofort begeistert von der Arbeit und hielt sie für eine der größten Entdeckungen. In seinen beiden Arbeiten von 1916 konnte er dann den Vorgang der Emission und Absorption von Strahlung theoretisch beschreiben, wobei diese als gerichtete »Nadelstrahlung« auftrat. Der amerikanische Physiker Arthur Compton konnte den Photonencharakter des Lichts 1922 experimentell bestätigen. Doch schon hier trat ein Problem auf, das Einstein sein Leben lang nicht akzeptieren konnte: Der Zufall kam ins Spiel. Im Rahmen der Theorie ließ sich nicht festlegen, wann und in welche Richtung ein Atom ein Photon aussendet.

Einstein traf Bohr erstmals im April 1920, als dieser zu einem Vortrag nach Berlin kam. Beide waren voneinander geradezu begeistert: »Nicht oft im Leben hat mir ein Mensch durch seine bloße Gegenwart solche Freude gemacht wie Sie«, schrieb ihm Einstein anschließend. Ein Jahr darauf besuchte Einstein seinen Freund in dessen eigenem Institut, um

Bohr besaß ein **Ferienhaus**, in das er sich gern allein oder mit Freunden zurückzog. Über der Eingangstür hing ein Hufeisen, und als ihn einmal ein Besucher fragte, ob er wirklich daran glaube, dass es Glück bringe, antwortete er: »Nein, aber man hat mir erzählt, dass es auch Leuten Glück bringen soll, die nicht daran glauben.«

über die verblüffenden Aspekte der Quantentheorie zu diskutieren.

In dieser Phase erhielt Einstein per Post die Arbeit eines unbekannten indischen Physiker namens Satyendra Nath Bose. Der hatte eine Theorie entwickelt, in der er Strahlung wie ein Gas aus Lichtquanten behandelte. Bose war es damit gelungen, die Plancksche Strahlungsverteilung zu erklären. Einstein erkannte sofort den Wert der Arbeit, übersetzte sie und sorgte für ihre Veröffentlichung. Dann setzte er Boses Gedanken fort, indem er das Verfahren auch auf materielle Teilchen übertrug. Die hieraus entwickelte so genannte Bose-Einstein-Statistik entsprach für Gase mit hohen Temperaturen der klassischen Statistik, wie sie Ludwig Boltzmann und James Clerk Maxwell entwickelt hatten. Bei sehr tiefen Temperaturen aber zeigt ein atomares Gas einige überraschende Eigenschaften. So findet nahe am absoluten Nullpunkt ein Phasenübergang statt, in dem plötzlich alle Atome denselben Quantenzustand einnehmen. Mann nennt diesen Zustand Bose-Einstein-Kondensat.

Als Einstein sich hiermit beschäftigte, erhielt er eine weitere Arbeit, dieses Mal von einem französischen Physiker namens Louis de Broglie. Er hatte, ausgehend von Einsteins Arbeiten, die Vermutung aufgestellt, dass nicht nur Licht sowohl als Welle als auch als Teilchen auftreten kann, sondern dass auch materielle Teilchen einen Wellencharakter besitzen können. Die Energie eines solchen Teilchens ergäbe sich dann, genau wie bei Licht, aus der Wellenlänge der Partikel. In Frankreich verstand niemand die Ideen, die de Broglie in seiner Dissertation niedergeschrieben hatte. Anders Einstein. Er erblickte sofort den Zusammenhang zu seinen und

---

Die experimentelle Realisierung eines **Bose-Einstein-Kondensats**, in dem alle Atome eine einzige Materiewelle bilden, war jahrzehntelang unmöglich, weil man hierzu ein Gas bis fast an den absoluten Nullpunkt abkühlen muss. Erstmals gelang dies 1995, wofür drei Physiker 2001 den Physik-Nobelpreis erhielten.

Boses Arbeiten: Im Bose-Einstein-Kondensat bilden alle Atome zusammen eine gemeinsame Welle. Im Jahre 1927 ließen sich de Broglies Materiewellen auch experimentell bestätigen, als es gelang, einen Elektronenstrahl an Kristallgittern zu beugen. Das dabei entstehende Interferenzmuster bewies den Wellencharakter der Elektronen.

In dieser Phase entwickelte sich die Quantentheorie dann in eine Richtung, der Einstein nicht mehr folgen wollte.

33   Werner Heisenberg

1925 schlug Werner Heisenberg eine neue Betrachtungsweise vor, die er gemeinsam mit Max Born und Pascual Jordan in Göttingen zur Quantenmechanik ausarbeitete. In dieser Theorie gab es den Begriff der Bahn eines Elektrons im Atom nicht mehr. Stattdessen wurden auf abstrakte Weise ausschließlich beobachtbare Größen, wie die Frequenz von Strahlung, betrachtet. Einstein fand die Dreimännerarbeit, wie sie später genannt wurde, zwar interessant, aber es war eine »wahre Hexenrechnerei«. Ein Jahr später äußerte er sich aber Born gegenüber sehr skeptisch mit den Worten: »Eine innere Stimme sagt mir, dass das immer noch nicht der wahre Jakob ist.«

Versöhnlicher zeigte sich Einstein mit der Theorie Erwin Schrödingers von der ETH Zürich, die fast gleichzeitig mit Heisenbergs Arbeit erschien. Darin beschrieb der österreichi-

---

Werner Heisenberg (5. 12. 1901– 1. 2. 1976) entwickelte in den 1920er Jahren die Quantenmechanik, welche die nach ihm benannte Unschärferelation beinhaltet. Dabei arbeitete er mit N. Bohr, W. Pauli, M. Born und anderen zusammen. Von 1927 bis 1941 war er Professor an der Universität Leipzig, dann leitete er in Berlin das Kaiser-Wilhelm-Institut für Physik. Während des zweiten Weltkriegs war er am deutschen Uran-Projekt beteiligt. Von 1946 bis 1970 leitete er als Direktor das Max-Planck-Institut für Physik und Astrophysik.

sche Physiker das Elektron als Welle, die um den Atomkern schwingt. Es waren nur bestimmte Schwingungsmoden möglich, wobei jede Mode einer festen Energie des Elektrons beziehungsweise einer Bahn im Bohrschen Atommodell entsprach. Diese Theorie harmonierte eher mit den Ideen de Broglies. Für kurze Zeit entspann sich zwischen Heisenberg und Schrödinger eine hitzige Debatte um die richtige Theorie. »Je mehr ich über den physikalischen Teil der Schrödingerschen Theorie nachdenke, desto abscheulicher finde ich ihn. ... ich finde es Mist«, schrieb Heisenberg an Pauli. Der Streit fand aber bald ein Ende, als Max Born bemerkte, dass beide Theorien im Grunde gleichwertig sind und sich nur in ihrer mathematischen Formulierung unterscheiden. Insbesondere lieferte Born eine physikalische Erklärung für Schrödingers Wellenfunktion. Demnach hatte die Amplitude der Welle keine physikalische Bedeutung. Aber das Quadrat der Amplitude kennzeichnete die Aufenthaltswahrscheinlichkeit des Elektrons.

Damit war der statistische Charakter der neuen Quantenmechanik deutlicher denn je zu Tage getreten: Man konnte nicht mehr exakt den Ort eines Teilchen lokalisieren, sondern nur eine Wahrscheinlichkeit dafür angeben, es in einer bestimmten Position anzutreffen. Heisenberg, der seit 1926 bei Bohr als Assistent arbeitete, war 1927 noch weiter in die Rätsel des Mikrokosmos vorgedrungen und dabei auf die so genannte Unschärferelation gestoßen. Sie besagt, dass es physikalische Größen gibt, die sich im atomaren Bereich grundsätzlich nicht gleichzeitig beliebig genau bestimmen lassen. Misst man beispielsweise den Ort eines Elektrons, so wird man den Impuls (Geschwindigkeit) zum selben Zeitpunkt nur sehr ungenau bestimmen können. Je genauer die

---

Das Schönste, was wir erleben können, ist das Geheimnisvolle. Es ist das Grundgefühl, das an der Wiege von wahrer Kunst und Wissenschaft steht. Wer es nicht kennt und sich nicht mehr wundern, nicht mehr staunen kann, der ist sozusagen tot und seine Augen erloschen.

Einstein in ›Wie ich die Welt sehe‹, 1930

Ortsmessung, desto ungenauer die des Impulses. Umgekehrt gilt: Je genauer die Geschwindigkeit ermittelt wird, desto ungenauer ist die Positionsmessung. Dies widersprach der klassischen Physik, nach der diese Größen völlig unabhängig voneinander waren und jederzeit gleichzeitig mit beliebiger Genauigkeit bestimmbar waren.

Bohr hatte sich währenddessen über die Interpretation der theoretisch hergeleiteten Ergebnisse den Kopf zerbrochen und seine Philosophie im Prinzip der Komplementarität zusammengefasst. Man fragte nun nicht mehr länger: Ist das Elektron ein Teilchen oder eine Welle, sondern beide Aspekte waren komplementär, das heißt sie schlossen sich einerseits gegenseitig aus, und bildeten doch andererseits erst im Verbund das Ganze. Ein Objekt besitzt an sich weder Wellen- noch Teilcheneigenschaften. Die Art des Auftretens hängt von der Wahl der experimentellen Messmethode ab. Die Heisenbergsche Unbestimmtheitsrelation war ein Spezialfall der allgemeineren Komplementarität.

Diese Kopenhagener Deutung der Quantenmechanik beinhaltete einen radikalen Positivismus. Es erschien sinnlos, von Größen wie Ort und Geschwindigkeit zu sprechen ohne gleichzeitig anzugeben, wie man sie misst. »Die Bahn [eines Teilchens] entsteht erst dadurch, dass wir sie beobachten«, schrieb Heisenberg. Das gilt auch für andere quantenmechanische Größen, wie Spin (eine Art Drehimpuls) oder Polarisation eines materiellen Teilchens oder Photons. Vor einer Messung sind diese Größen bei einem Teilchen nicht festgelegt. Erst beim Messvorgang nimmt es den Zustand »Spin nach oben« oder »Spin nach unten« an. Welchen dieser Zustände es wählt, ist aber nicht vorhersehbar, sondern hängt

---

Aber zu einem Verzicht auf die strenge Kausalität möchte ich mich nicht treiben lassen, bevor man sich nicht ganz anders dagegen gewehrt hat als bisher. ... Wenn schon, dann möchte ich lieber Schuster oder Angestellter in einer Spielbank sein als Physiker.

Einstein, 1924

vom Zufall ab. Das widersprach gänzlich Einsteins Vorstellung von der Natur. Er weigerte sich den Glauben daran abzulegen, dass es einen »wirklichen Zustand eines physikalischen Systems [gibt] – etwas, das unabhängig von Beobachtung und Messung objektiv existiert und das prinzipiell durch physikalische Begriffe beschrieben werden kann.«

Dieser Disput erreichte im Oktober 1927 seinen Höhepunkt, als sich eine auserlesene Gruppe von Quantenphysikern erneut zum Solvay-Kongress in Brüssel einfand. Alle Teilnehmer wohnten im Hotel Metropol, dessen Frühstücksraum ungewollt zum weiteren Tagungsort wurde. Heisenberg erinnerte sich später an dieses Treffen sehr lebhaft: »Wir trafen uns meist schon am Frühstückstisch im Hotel, und Einstein begann ein Gedankenexperiment zu beschreiben, bei dem, wie er glaubte, die inneren Widersprüche der Kopenhagener Deutung sichtbar würden. Einstein, Bohr und ich gingen dann gemeinsam vom Hotel zum Konferenzgebäude, und ich hörte die lebhaften Diskussionen zwischen den beiden, in ihrer philosophischen Haltung so verschiedenen Menschen und warf gelegentlich eine Bemerkung über die Struktur des mathematischen Formalismus dazwischen. Während der Sitzung und noch mehr während der Pausen gingen auch wir Jüngeren, insbesondere Pauli und ich, daran, das Einsteinsche Experiment zu analysieren; und während der Mittagszeit gab es weitere Diskussionen zwischen Bohr und den anderen Kopenhagenern. Meist hatte Bohr am späten Nachmittag die vollständige Analyse des Gedankenexperiments fertig und trug sie Einstein beim Abendessen vor. Einstein konnte zwar sachlich gegen die Analyse nichts einwenden, aber er war in seinem Herzen nicht überzeugt.«

Schachspielartig. Einstein immer neue Beispiele. Gewissermaßen ein *perpetuum mobile* zweiter Art, um die Ungenauigkeitsrelation zu durchbrechen. Bohr stets aus einer dunklen Wolke von philosophischem Rauchgewölke die Werkzeuge heraussuchend, um Beispiel nach Beispiel zu zerbrechen. Einstein wie der Teuferl in der Box: jeden Morgen wieder frisch herausspringend.
Paul Ehrenfest über die Diskussionen während
des legendären Solvay-Kongresses 1927

Bei einer der Diskussionen konterte Bohr auf Einsteins provozierenden Einwand, dass Gott nicht würfele, in seiner humorvollen Art mit den Worten: »Aber es kann doch nicht unsere Aufgabe sein, Gott vorzuschreiben, wie er die Welt regieren soll.« Am Ende der Woche fühlte sich die Bohrsche Fraktion als Sieger, denn am letzten Tag schrieb Heisenberg nach Hause: »Vom wissenschaft[lichen] Ergebnis bin ich in jeder Hinsicht befriedigt. Bohrs und meine Ansichten sind wohl allgemein angenommen worden, jedenfalls sind ernste Einwände nicht mehr gemacht worden, auch von Einstein oder Schrödinger nicht.«

Ein Jahr später konnte die Quantenphysik einen neuerlichen, sehr bemerkenswerten Erfolg vermelden. Dieses Mal kam die Arbeit aus Großbritannien von Paul Dirac, einem Theoretiker, der seit 1927 am St. Johns College in Cambridge lehrte und bereits mehrere fundamentale Arbeiten zur Quantenmechanik veröffentlicht hatte. Im Jahre 1928 gelang es ihm, die Spezielle Relativitätstheorie auf die Schrödingersche Wellengleichung anzuwenden. Die hierbei entstandene Dirac-Gleichung war ein bedeutender Fortschritt in der noch jungen Quantenmechanik. Mit ihr ließ sich das Wasserstoff-Spektrum einschließlich der Feinstruktur exakt erklären, und der Spin ergab sich von selbst aus dem jeweiligen Quantenzustand des Elektrons. Darüber hinaus sagte die Theorie eine Reihe von Phänomenen voraus, darunter auch die Existenz von Antimaterie. Nur wenige Physiker teilten Diracs Glauben an diese hypothetischen Teilchen, die noch nie jemand gemessen hatte. Dies änderte sich, als der amerikanische Physiker Carl Anderson 1932 zufällig positiv geladene Elektronen nachwies. Es waren Antiteilchen zum Elektron, später Positronen genannt.

Paul Adrienne Dirac (1902–1984) studierte in seiner Heimatstadt Bristol Mathematik und Elektrotechnik. 1921 ging er nach Cambridge, wo er promovierte und 1932 auf den ehrwürdigen Lukasischen Lehrstuhl, den schon Newton inne hatte, berufen wurde. In den zwanziger Jahren lieferte er eine Reihe fundamentaler Arbeiten zur Quantenmechanik. Zusammen mit Enrico Fermi entwickelte er 1926 eine Quantenstatistik gleichartiger Elementarteilchen, 1928 gelang ihm die relativistische Formulierung der Schrödinger-Gleichung.

Trotz dieser beeindruckenden Erfolge, zu der nunmehr auch die Spezielle Relativitätstheorie mit beitrug, konnte sich Einstein zeit seines Lebens nicht mit der Quantenmechanik anfreunden. Zwar hielt er sie später für die »erfolgreichste physikalische Theorie unserer Zeit«. Aber er war fest davon überzeugt, dass sie unvollständig ist und akzeptierte sie nicht als Fundament der theoretischen Physik. Abraham Pais erinnerte sich an einen Spaziergang mit Einstein um 1950: »Auf einmal blieb Einstein unterwegs stehen, wandte sich zu mir und fragte mich, ob ich wirklich glaube, dass der Mond nur dann existiere, wenn ich ihn ansehe.«

Die meisten Kollegen sahen in Einsteins Verhalten ein sinnloses Festhalten an klassischen Werten. »Viele von uns halten es für eine Tragödie – und zwar für ihn, weil er sich seinen Weg in die Einsamkeit ertastet, und für uns, die wir unseren Führer und Standartenträger vermissen«, meinte Max Born. Der statistische Charakter der Quantenmechanik hat sich bis heute bewahrheitet, Experimente bestätigen ihre Voraussagen genauer als jede andere Theorie. Dennoch ist Einsteins Kritik nicht sinnlos gewesen. Er zwang die Vertreter der neuen Physik, sehr tiefgründig über das Wesen der Natur nachzudenken. Plötzlich wurde die Kausalität in physikalischen Abläufen hinterfragt, an der bis dahin niemand gezweifelt hatte. Selbst über die Frage, was die Realität sei, musste neu nachgedacht werden. Bohr, Heisenberg, Born und ihre Mitstreiter hätten sich keinen intelligenteren Gegner in dieser Debatte wünschen können.

Trotz seiner ablehnenden Haltung blieb Einstein fair. Mehrmals schlug er seine Kontrahenten für den Nobelpreis vor, zum Beispiel 1931 Heisenberg und Schrödinger, die ihn

Die Fluchtbewegung der Galaxien
Die Fluchtbewegung der Galaxien erhält im Rahmen der Allgemeinen Relativitätstheorie eine interessante Interpretation. Demnach darf man sich die Bewegung nicht so vorstellen wie das Auseinanderfliegen von

ein beziehungsweise zwei Jahre später auch erhielten, Schrödinger gemeinsam mit Dirac. Im Jahre 1945 schlug er Pauli vor, der ihn ebenfalls bekam. Einstein gab daneben auch sehr häufig ein Votum für den Friedens-Nobelpreis ab.

Zu Beginn dieser Debatte um die Quantenmechanik ereignete sich parallel eine andere Geschichte, die zunächst wenig Beachtung fand, später jedoch zur größten Revolution in der Kosmologie des 20. Jahrhunderts führte. Im Juni 1922, kurz vor Rathenaus Ermordung und Einsteins Reise in die Niederlande, ging bei der ›Zeitschrift für Physik‹ die Arbeit eines Mathematikers namens Alexander Friedman aus Leningrad ein. Der hatte sich mit den Feldgleichungen der Allgemeinen Relativitätstheorie auseinander gesetzt und Lösungen für die Krümmung des Universums gesucht. Friedman schloss damit an die Diskussion an, die Einstein und de Sitter bereits 1916 geführt hatten. Einstein meinte damals, eine Lösung gefunden zu haben, die ein statisches, also in seiner Ausdehnung und Krümmung unveränderliches Universum beschrieb. Dieses Modell entsprach den damaligen Vorstellungen der Kosmologen. Zwar wusste man, dass innerhalb des Weltalls Veränderungen auftreten. Aber dass das Universum als ganzes eine Evolution besitzt, war undenkbar.

Friedman hatte eine Vielzahl theoretisch möglicher Lösungen für die Krümmung und die zeitliche Entwicklung des Universums gefunden. Hierin waren die Weltmodelle von Einstein und de Sitter enthalten. Darüber hinaus stieß er aber auf andere Lösungen. Diese ließen ein Universum zu, das sich ausdehnt oder zusammenzieht. Er fand sogar eine Welt, die periodisch Expansions- und Kontraktionszyklen durchläuft.

Splittern nach der Explosion einer Bombe. Dies entspräche der alten Newtonschen Idee von einem absoluten Raum. Man kann sich die Galaxien eher wie Rosinen in einem aufquellenden Hefeteig vorstellen, der den expandierenden Raum veranschaulichen soll. In diesem Bild bewegen sich die Rosinen nur deshalb langsam voneinander fort, weil sich der Teig aufbläht, nicht etwa, weil sich die Rosinen selbst bewegen würden. Die Galaxien wirken wie Markierungsbojen, welche die Ausdehnung des Raumes anzeigen.

Einstein reagierte darauf zweimal. Am 18. September 1922 ging bei der ›Zeitschrift für Physik‹ eine kurze Notiz von ihm ein, in der er schrieb: »Die in der zitierten Arbeit enthaltenen Resultate bezüglich einer nichtstationären Welt erschienen mir verdächtig. In der Tat zeigt sich, dass jene gegebene Lösung mit den Feldgleichungen nicht verträglich ist.« Er unterstellte Friedman also einen Rechenfehler. Ein halbes Jahr später revidierte Einstein auf Anregung eines Kollegen seine Meinung und schrieb. »Ich habe in einer früheren Notiz an der genannten Arbeit Kritik geübt. Mein Einwand beruhte aber ... auf einem Rechenfehler. Ich halte Herrn Friedmans Resultate für richtig und aufklärend. Es zeigt sich, dass die Feldgleichungen neben den statischen auch dynamische ... Lösungen für die Raumstruktur zulassen.« Dieser kurze Disput zwischen Einstein und Friedman hatte zunächst keine Konsequenzen. Auch eine zweite Arbeit Friedmans aus dem Jahre 1924 wurde ignoriert.

Unabhängig und ohne Wissen von Friedmans Arbeiten hatte sich der belgische Mathematiker und Theologe Georges Lemaître mit demselben Problem beschäftigt. Im Rahmen eines akademischen Jahres traf er in den USA mit den führenden Astronomen zusammen, darunter auch Eddington. Hier fand er 1925 eine Lösung der Feldgleichungen, in der sich die Raumzeit ausdehnt. Auf dem Solvay-Kongress in Brüssel im Jahre 1927 gelang es ihm, Einstein trotz seiner intensiven Diskussionen über die Quantenmechanik auf seine Arbeit aufmerksam zu machen. Doch der zeigte sich wenig begeistert: »Ihre Berechnungen sind richtig, aber Ihre Physik ist scheußlich!« Weder er noch andere Astronomen konnten es mit ihrem Weltbild vereinbaren, dass sich der Kosmos verändert.

Georges Lemaître (1894 –1966) studierte in Louvain (Belgien) Mathematik und Theologie. 1923 wurde er Priester und 1925 erhielt er eine Professur für Mathematik. Zeitlebens propagierte er seine Urknalltheorie, beschäftigte sich aber auch mit anderen physikalischen Problemen. 1965 erlitt er einen Herzinfarkt, von dem er sich nicht mehr erholte. Am Krankenbett erhielt er die Ausgabe des ›Astrophysical Journal‹ vom Juli 1965, in der die Entdeckung der kosmischen Hintergrundstrahlung bekannt gegeben wurde – eine der bedeutendsten Bestätigungen für die Urknalltheorie.

Doch Lemaître verfolgte das Problem weiter. Im Jahre 1928 publizierte er seine Gedanken in einem französischsprachigen Periodikum seiner Universität, das jedoch international keinerlei Beachtung fand. Drei Jahre später brachte dann die britische Fachzeitschrift ›Monthly Notices of the Royal Astronomical Society‹ die Arbeit in englischer Übersetzung. Doch noch immer blieb alles graue Theorie, bis Edwin P. Hubble 1929 am Mount-Wilson-Observatorium entdeckte, dass sich die Mehrzahl der Galaxien von unserem Milchstraßensystem entfernt, wobei ihre Geschwindigkeit mit der Entfernung linear zunimmt. Diese Beobachtung ließ sich im Lichte der Friedman-Lemaître-Arbeiten als sichtbares Indiz für ein expandierendes Universum interpretieren: Die Raumzeit dehnt sich aus, das heißt alle Abstände zwischen Objekten im Universum werden ständig größer.

Lemaître ging in seiner Interpretation noch weiter und kam zu dem Schluss: Wenn sich das Universum heute ausdehnt, muss es vor Jahrmilliarden in einem Punkt begonnen haben. Am 9. Mai 1931 erschien in der Zeitschrift ›Nature‹ eine kurze Notiz von Lemaître, in der er erstmals die Urknalltheorie beschrieb. Hierin hieß es unter anderem: »Wir könnten uns den Beginn des Universums in Form eines einzigen Atoms vorstellen, dessen Atomgewicht der Gesamtmasse des Universums entspricht.«

Lemaîtres 1931 veröffentlichte Urknalltheorie war lange Zeit nicht anerkannt. 1948 sagten die amerikanischen Physiker George Gamow und seine jungen Mitarbeiter Ralph Alpher und Robert Herman voraus, dass es eine Strahlung geben müsse, die das heiße Urgas abgegeben hat und die heute noch nachweisbar sein müsste. Im Jahr 1965 entdeckten amerikanische Radioastronomen diese kosmische Hintergrundstrahlung. Das Foto zeigt die Hintergrundstrahlung über den gesamten Himmel. Die »Flecken« sind Verdichtungen im Urgas, aus denen später die Galaxien entstanden.

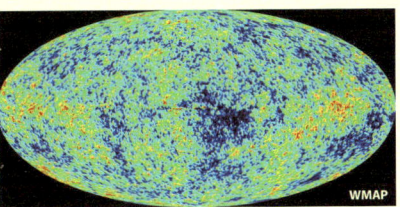

Neben den Erfolgen in der Relativitätstheorie und Quantenmechanik gelangen Einstein kleinere technische Leistungen. So konstruierte er zusammen mit seinem Freund Anschütz-Kaempfe einen Kugelkompass, der Ende der zwanziger Jahre in deutschen Schiffen eingebaut wurde. Gemeinsam mit Leo Szilard entwickelte er ein neuartiges Kühlsystem, das sie 1927 zum Patent anmeldeten. Zwar bemühte sich Szilard bei der AEG um eine Fertigungsreife, aber die neuen Kühlschränke gingen nie in Serie. Schließlich meldete Einstein 1929 zusammen mit Rudolf Goldschmidt, der ein Berliner Industrielabor leitete, ein Patent für ein Hörgerät an.

Doch die zwanziger Jahre kosteten auch Kraft. Die Folgen der Arbeit und des Raubbaus an seinem Körper bekam Einstein Ende 1928 zu spüren, als er einen Kreislaufkollaps erlitt. Nach strenger Bettruhe in Berlin folgte im anschließenden Sommer eine Kur in Scharbeutz an der Lübecker Bucht. In diesem Jahr stand auch sein 50. Geburtstag an, der ihm eine Fülle von Würdigungen eintrug. Von besonderer Bedeutung sollte ein Geschenk der Stadt Berlin werden. Anfangs wollte man ihm ein Grundstück schenken, doch dabei kam es zu peinlichen Streitereien. Stattdessen kaufte Einstein in Caputh bei Potsdam ein Waldgrundstück mit einer malerischen Sicht

35 Das Sommerhaus von Einstein in Caputh bei Potsdam, Foto von 1996

über die Havel. In diesem »Paradies« verbrachte er mit seiner Familie entspannende Sommermonate, in denen er segelte und spazieren ging. Hier empfing er seine Freunde, wie Planck, Laue und Schrödinger, und berühmte Persönlichkeiten, wie Rabindranath Tagore, Anna Seghers und Heinrich Mann. Mit ihnen unternahm er dann gern Segeltörns auf den Havelgewässern. Sein geräumiges Boot, den »Tümmler«, hatten ihm reiche Berliner Freunde zum 50. Geburtstag geschenkt.

Regelmäßig zu Besuch kam auch eine Frau namens Toni Mendel. Diese wohlhabende Witwe war bereits seit 1925 Einsteins Geliebte. Einsteins Ruhm und sein Witz wirkten auf die Frauen äußerst anziehend. Es wird noch von weiteren Affären berichtet, beispielsweise mit Estella Katzenellenbogen, der Inhaberin einer Blumenladenkette, und Margarete Lebach, einer hübschen Österreicherin, die ebenfalls häufig ins Sommerhaus nach Caputh kam. Immer wieder kam es zu Eifersuchtsszenen, man sprach sogar von Trennung, wie der Architekt des Sommerhauses, Konrad Wachsmann, später berichtete. Letztlich musste Elsa das Verhalten Ihres Mannes akzeptieren.

Privat konnte sich Einstein wohl fühlen und auch aus wissenschaftlicher Sicht konnte es für ihn kaum besser laufen, zumal ihm die Kaiser-Wilhelm-Gesellschaft im Juni 1929 gemeinsam mit Max Planck die goldene Max-Planck-Medaille verlieh. Zur selben Zeit aber randalierten nationalsozialistische Studenten im Regierungsviertel und führten Einstein die bedrohlichen gesellschaftlichen Entwicklungen deutlich vor Augen. Die Verhältnisse wurden wirtschaftlich und politisch immer brisanter. Einstein veranlasste dies, sich wieder

---

Das **Landhaus in Caputh** ist das einzige erhalten gebliebene Zeugnis von Einsteins Leben in Deutschland. Nach seiner Emigration im Jahre 1933 requirierte es der Staat. Zunächst diente es als jüdisches Landkinderheim, später als Wohnhaus. Im Einstein-Jahr 1979 ging es in den Besitz der Akademie der Wissenschaften der DDR über, die es restaurierte und als Gäste- und Begegnungshaus nutzte. Heute gehört es zu 70 % der Hebräischen Universität Jerusalem und mehreren Gruppen. Das Potsdamer Einsteinforum verwaltet heute das Sommerhaus.

> Es ist nicht ideal, die Frau eines Genies zu sein. Das Leben gehört einem nicht selbst. Es scheint allen anderen zu gehören. Ich widme fast jede Minute des Tages meinem Mann, und das heißt der Öffentlichkeit.
>
> *Elsa Einstein, 1936*

verstärkt öffentlich für den Erhalt der Demokratie einzusetzen. Er ermutigte die wehrpflichtigen Männer sogar, den Kriegsdienst zu verweigern, womit er sich viele Feinde machte. Gemeinsam mit Heinrich Mann, Käthe Kollwitz und anderen rief er 1932 zur Bildung einer antifaschistischen Einheitsfront auf. Ein kurzes Pamphlet mit dem Titel ›Wie ich die Welt sehe‹ erschien vorsorglich nur in den USA. Es enthält markige Worte wie: »Wenn einer mit Vergnügen in Reih und Glied zu einer Musik marschieren kann, dann verachte ich ihn schon; er hat sein Großhirn nur aus Irrtum bekommen, da für ihn das Rückenmark schon völlig genügen würde.«

Zwar hörten auch in den Vereinigten Staaten nicht alle diese Worte gern, aber bei einem Besuch wurde er im Dezember 1930 in New York, San Diego und Pasadena wieder einmal emphatisch, ja geradezu hysterisch empfangen. »Die Reporter stellten ausgesucht blöde Fragen, die ich mit billigem Scherz beantwortete, der begeistert aufgenommen wurde«, notierte er in seinem Tagebuch. Einstein vertrat wacker seine pazifistischen Ideale und warb für einen Fonds, aus dem in Not geratene Kriegsdienstverweigerer unterstützt werden sollten. Auf seiner Reise durch das Land traf er unzählige Persönlichkeiten aus Politik, Kunst und Wissenschaft. Ein Höhepunkt war der Besuch des Mount-Wilson-Observatoriums, wo Hubble kurz zuvor die Galaxienflucht entdeckt hatte.

> Schopenhauers Spruch: »Ein Mensch kann zwar tun, was er will, aber nicht wollen, was er will«, hat mich seit meiner Jugend lebendig erfüllt und ist mir beim Anblick und beim Erleiden der Härten des Lebens immer ein Trost gewesen und eine unerschöpfliche Quelle der Toleranz.
>
> *Einstein in ›Wie ich die Welt sehe‹, 1930*

Nach über zwei Monaten sehnte er sich aber nach dem »alten Europa« zurück, wo er Anfang März eintraf. Doch in Deutschland wurde die nationalsozialistische Bedrohung immer übermächtiger, was ihn veranlasste, Aufrufe der Sozialdemokraten und auch der Kommunisten zu unterstützen. Auf Einladung von Robert Millikan, dem Präsidenten des California Institute of Technology in Pasadena, begab er sich Ende 1931 erneut in die USA. In sein Tagebuch notierte er: »Heute entschloss ich mich, meine Berliner Stellung im wesentlichen aufzugeben. Also Zugvogel für den Lebensrest!« Er kehrte zwar vier Wochen später wieder nach Deutschland zurück, aber seine Tage dort waren gezählt. Bei einem Kurzaufenthalt in Cambridge besuchte ihn ein gewisser Abraham Flexner, den er bereits in Pasadena kennen gelernt hatte. Flexner hatte die Aufgabe, mit Stiftungsgeldern in Princeton ein neues Forschungsinstitut aufzubauen, in dem nur ausgewählte Wissenschaftler arbeiten sollten. Flexner offerierte Einstein in dem zukünftigen Institute for Advanced Study eine Stelle, für die er nach kurzem Überlegen »Feuer und Flamme« war.

Am 10. Dezember 1932 bestieg das Ehepaar Einstein in Antwerpen die »Deutschland« und verließ Europa. Offiziell hatte Einstein gegenüber der ›New York Times‹ erklärt: »Mein ständiger Wohnsitz wird weiterhin Berlin sein.« Dann aber wurde Hitler am 30. Januar zum Reichskanzler ernannt. Vier Wochen später brannte der Reichstag, und die Nazis terrorisierten Politiker, Intellektuelle, Juden. Angesichts dieser Entwicklung beschloss Einstein, in den USA zu bleiben. Am 10. März, einen Tag vor seiner ursprünglich geplanten Rückreise nach Europa, verkündete er öffentlich, dass er

Solange mir eine Möglichkeit offensteht, werde ich mich nur in einem Lande aufhalten, in dem politische Freiheit, Toleranz und Gleichheit aller Bürger vor dem Gesetz herrschen. ... Diese Bedingungen sind gegenwärtig in Deutschland nicht erfüllt.
Einstein am 10. 3. 1933

nicht nach Deutschland zurückkehren werde. Gemeinsam mit seiner Frau fuhr er nach Belgien, wo sie etwa ein halbes Jahr blieben, bevor sie endgültig in die USA ausreisten. Am 28. März, kurz nachdem Hitler mit dem Ermächtigungsgesetz seine Machtbefugnisse weiter ausgebaut hatte, legte Einstein in Brüssel postalisch seine Stellung bei der Preußischen Akademie der Wissenschaften nieder und übergab der deutschen Gesandtschaft seinen deutschen Pass. Gleichzeitig bat er Max von Laue darum, seinen Austritt aus allen deutschen Institutionen und Vereinigungen, wie der Deutschen Physikalischen Gesellschaft, zu veranlassen. Auch der Friedensklasse des Ordens Pour le mérite wollte er nicht länger angehören.

Die Nachrichten verbreiteten sich in Deutschland wie ein Lauffeuer. Viele Zeitungen verbreiteten üble Artikel über Einstein, im Ministerium war man wütend, weil er einem Rausschmiss aus der Akademie zuvorgekommen war, in Berlin wurden seine Konten beschlagnahmt und seine Wohnung von SA-Einheiten geplündert. Sein Flügel, weitere Einrichtungsgegenstände und Arbeitsmaterial konnten gerettet werden und wurden nach Princeton verschifft.

Seltsamerweise nahmen viele Juden in Deutschland Einstein diesen Schritt übel. Sie erkannten die Gefahr, in der sie

Das Gesetz zur Wiederherstellung des Berufsbeamtentums
Das Gesetz zur Wiederherstellung des Berufsbeamtentums vom 7. April 1933, dessen Geltungsbereich vom 6. Mai auch auf nichtbeamtete Professoren und Privatdozenten ausgedehnt wurde, regelte die Beendigung der Arbeitsverhältnisse von politisch und »rassisch« unliebsamen Beamten. »Nichtarier« waren in den Ruhestand zu versetzen. Der amerikanische Soziologe Edward Hartshorne stellte 1937 Zahlen zusammen, die er bei einem Aufenthalt in Deutschland recherchiert hatte. Demnach wurden allein bis April 1936 insgesamt 1145 Hochschullehrer (ohne Assistenten) aus ihren Stellungen vertrieben, darunter 166 Physiker und Mathematiker. Das entsprach etwa 14 Prozent des Personals. Mit den Assistenten (frisch Promovierte, Angestellte der Kaiser-Wilhelm-Institute, Museumsdirektoren usw.) stieg die Zahl auf 1684. Von den 60 in Deutschland aktiven theoretischen Physikern verloren 26 ihre Stellen.

schwebten, noch gar nicht. Im April 1933 schrieb Elsa Einstein einer Bekannten: »Das Tragische in meines Mannes Schicksal ist, daß alle deutschen Juden ihn dafür verantwortlich machen, daß ihnen dort so Schreckliches widerfahre. Sie glauben, durch sein Auftreten habe man Repressalien ausgeübt, und sie haben in ihrer Borniertheit die Parole ausgegeben, sich von ihm abzuwenden und ihn zu hassen. So bekommen wir mehr haßerfüllte Briefe von Juden als von Nazis.«

In der Akademie der Wissenschaften musste sich vor allem sein einstiger Mentor und Freund, Max Planck, mit Einsteins Entschluss auseinander setzen. Planck befand sich in einem Gewissenskonflikt. Auf der einen Seite empfand er aufgrund seines Elternhauses und seiner Position Loyalität für den Staat. Auf der anderen Seite hegte er für Einstein tiefe freundschaftliche Gefühle und bewunderte seine wissenschaftliche Leistung. Am 13. April schrieb er ihm: »Denn es sind hier zwei Weltanschauungen aufeinandergeplatzt, die sich miteinander nicht vertragen. Ich habe weder für die eine noch für die andere volles Verständnis. Auch die Ihrige ist mir fern, wie Sie sich erinnern werden von unseren Gesprächen über die von Ihnen propagierte Kriegsdienstverweigerung.« Vier Wochen darauf verkündete er vor der Akademie, dass »Herr Einstein selber durch sein politisches Verhalten sein Verbleiben in der Akademie unmöglich gemacht hat.« Aber gleichzeitig betonte er: »Herr Einstein ist der Physiker, durch dessen in unserer Akademie veröffentlichte Arbeiten die physikalische Erkenntnis in unserem Jahrhundert eine Vertiefung erfahren hat, deren Bedeutung nur an den Leistungen Johannes Keplers und Isaac Newtons gemessen werden kann.« Auch in späteren Vorträgen ließ Planck sich nicht von den Natio-

---

Mein leidenschaftlicher Sinn für soziale Gerechtigkeit und soziale Verpflichtung stand stets in einem eigentümlichen Gegensatz zu einem ausgesprochenen Mangel an unmittelbarem Anschlussbedürfnis an Menschen und an menschliche Gemeinschaften. Ich bin ein richtiger »Einspänner«, der dem Staat, der Heimat, dem Freundeskreis, ja, selbst der engeren Familie nie mit ganzem Herzen angehört hat.

Einstein in ›Wie ich die Welt sehe‹, 1930

nalsozialisten dazu zwingen, die Relativitätstheorie zu verschweigen oder gar zu diffamieren. Sie gehörte zu seinem physikalischen Weltbild, und er lehrte sie weiter.

Während seines Aufenthalts in Belgien unternahm Einstein mehrere Reisen. So besuchte er seinen Sohn Eduard (Tete), den man Ende 1932 wegen eines schizophrenen Schubes in die schweizerische Heilanstalt Burghölzli eingewiesen hatte. Einstein sah seinen Sohn dort zum letzten Mal. Er starb 1965 in der Anstalt. Außerdem nutzte Einstein mehrmals die Gelegenheit, nach Großbritannien überzusetzen. Dort traf er sich sowohl mit Kollegen als auch mit bedeutenden Politikern. Nach einem Gespräch mit Churchill war er der Meinung, dass die Engländer »gut vorgebaut haben und entschlossen und bald handeln werden.« Von Southampton aus fuhr er gemeinsam mit seiner Frau sowie Helen Dukas, die seit 1928 seine Sekretärin war, nach New York, wo sie Mitte Oktober eintrafen. Einstein betrat danach nie wieder deutschen Boden.

36 Einstein im Jahr 1931

Neuanfang und Ausklang im Exil

In Princeton wohnten die Einsteins anfänglich in einem Hotel, nach wenigen Wochen zogen sie aber in eine Wohnung nahe der Universität um. Fern von den politischen Wirren der Zeit und ohne Lehrverpflichtungen konnte Einstein seine Theorie zur einheitlichen Feldtheorie weiter verfolgen. Es gab allenfalls die eine oder andere gesellschaftliche Veranstaltung, die er nicht absagen konnte. So ließ es sich Präsident Roosevelt nicht nehmen, ihn und Elsa zu sich ins Weiße Haus einzuladen.

Doch sein privates Glück wurde bald von einem Todesfall in der Familie überschattet. Die Tochter Ilse war schwer an Tuberkulose erkrankt und zu ihrer Schwester Margot nach Paris gezogen, wo diese mit ihrem Mann Dimitri Marianoff ein Jahr zuvor Zuflucht gefunden hatte. Mitte Mai fuhr Elsa allein nach Paris, um Ilse zu besuchen. Viel Zeit blieben Mutter und Tochter nicht mehr. Ilse starb im August 1934. Anschließend fuhr Elsa zusammen mit Margot in die Vereinigten Staaten zurück.

Das neue Institute for Advanced Study war der vollendete Elfenbeinturm. Insbesondere brillante Mathematiker wie John von Neumann oder Hermann Weyl hatten hier Asyl gefunden. Auch junge Talente wie Julius Robert Oppenheimer oder John Archibald Wheeler fanden sich im Institut ein, diskutierten mit Einstein oder hörten seine Vorträge. Allen war aber klar, dass der berühmte Physiker für die aktuellen Fra-

---

Wenn es klar wurde, dass wir ein Problem nicht lösen konnten, stand Einstein gewöhnlich auf und sagte: »I will a little think.« Dann steckte er den Finger ins Haar und drehte Locken, während er auf und ab ging oder mit ganz entspanntem Gesicht einfach stehen blieb.

Banesh Hoffman

gen der Zeit, die beispielsweise in der Kernphysik auftauchten, kein Interesse zeigte. Für ihn gab es nur die Grundlagenprobleme der Quantentheorie und die damit verbundene Suche nach der einheitlichen Feldtheorie, der Weltformel. Auf diesem Weg gelang ihm 1935 noch einmal eine Aufsehen erregende Veröffentlichung.

Zusammen mit Nathan Rosen und Boris Podolsky veröffentlichte er eine Arbeit mit dem Titel ›Can Quantum-Mechanical Description of Physical Reality be Considered Complete?‹. Es ging also neuerlich um die Frage, ob die Quantenmechanik die physikalische Realität vollständig beschreibt. Das Gedankenexperiment ist unter dem Begriff Einstein-Podolsky-Rosen-Paradoxon (kurz EPR-Paradoxon) in die Geschichte der Physik eingegangen und spielt bis heute eine Rolle in der philosophischen Interpretation der Quantenmechanik. Das EPR-Paradoxon wurde in unterschiedlichen Varianten aufgegriffen und ließ sich ab Anfang der 1980er Jahre auch experimentell überprüfen. Es verbindet Heisenbergs Unschärferelation mit der Frage, welche physikalischen Messgrößen Realität besitzen.

Der Gedankengang des Paradoxons verläuft etwa so: An einem Teilchen, das mit der Schrödingerschen Wellengleichung beschrieben werden kann, misst man exakt den Impuls. Dann ist der Ort, an dem diese Messung vorgenommen wird, nur sehr ungenau feststellbar. Ihm kommt somit nach der Kopenhagener Deutung der Quantenmechanik keine physikalische Realität zu. Bestimmt man stattdessen den Ort exakt, ist der Impuls nur ungenau messbar und besitzt keine physikalische Realität. Im EPR-Paradoxon stelle man sich nun zwei Teilchen S1 und S2 vor, die zusammenstoßen und

---

In seinen späten Jahren hatte Einstein nur mit wenigen **Institutskollegen** regelmäßig Kontakt. Zu seinen engsten Freunden zählten der Mathematiker und Logiker Kurt Gödel sowie Wolfgang Pauli. Von Letzterem sagte er: »Der Pauli ist ein gut geölter Kopf.«

sich anschließend voneinander entfernen. Sie befinden sich dann in einem so genannten verschränkten Zustand und können nach der Kollision durch eine einzige gemeinsame Wellenfunktion beschrieben werden. Die Verschränkung lässt sich so präparieren, dass die Messgrößen antikorreliert sind, was sich wie folgt äußert: Misst man an Teilchen S1 den Impuls exakt und erhält den Wert p, so ergibt sich für Teilchen S2, dass es in diesem Augenblick den entgegengesetzten Zustand –p haben muss. Genauso gut könnte man an S1 den Ort exakt messen und daraus den Ort für S2 exakt berechnen. Beide Messungen sind möglich, selbst wenn die beiden Teilchen sich mittlerweile Lichtjahre voneinander entfernt haben und keine Informationen austauschen konnten. Dennoch könnte man laut Einstein, Podolsky und Rosen aufgrund der Messung an S1 für S2 wahlweise Impuls oder Ort exakt angeben, ohne S2 zu »stören«. Damit käme diesen beiden Größen physikalische Realität zu, was die Heisenbergsche Unschärferelation aber gerade verbietet.

Einstein und seine Mitarbeiter gingen dabei von dem Prinzip aus: Wenn ich eine Eigenschaft eines Objekts exakt vorhersagen kann, ohne das Objekt zu beeinflussen, dann nehme ich daran eine indirekte Messung vor, und dann hat dieses Objekt auch die indirekt gemessenen Eigenschaften. Sie zogen deshalb den Schluss, dass in einem solchen System grundsätzlich mehr Information vorhanden ist als die Quantentheorie zulässt: Sie beschreibt die Natur demzufolge unvollständig. »Diesem Schluss kann man nur dadurch ausweichen, dass man annimmt, dass die Messung an S1 den Realzustand von S2 (telepathisch) verändert, oder aber dass man Dingen, die räumlich getrennt voneinander sind, unab-

---

Einstein lebte in Princeton nach einem relativ festen **Tagesrhythmus**. Er frühstückte gegen 8.30 und las die Zeitung. Gegen 10.30 Uhr ging er ins Institut und kehrte um 13 Uhr wieder heim zum Essen. Nach einer Ruhephase trank er einen Tee, arbeitete, erledigte Post oder empfing Besucher. Zwischen 18.30 und 19 Uhr nahm er das Abendessen zu sich, anschließend arbeitete er eventuell noch etwas oder hörte Radio. Zwischen 23 Uhr und Mitternacht ging er zu Bett.

hängige Realzustände überhaupt abspricht. Beides scheint mir ganz unakzeptabel«, schrieb Einstein später in ›Autobiographisches‹.

Als das EPR-Paradoxon im ›Physical Review‹ erschien, sorgte es bei den Kollegen für erhebliche Aufregung. Bohr, der gerade an einem ganz anderen Problem arbeitete, ließ alles stehen und liegen, um sich ganz dem neuen Angriff seines alten Kontrahenten zu widmen. Sechs Wochen lang feilte er an der Antwort, die zuerst in kurzer Form in ›Nature‹ und ein halbes Jahr später ausführlich im ›Physical Review‹ erschien. Bohr nutzte die Gelegenheit, um sein Komplementaritätsprinzip und die Frage nach der quantenphysikalischen Realität ausführlich zu erläutern und auf das EPR-Paradoxon anzuwenden. Er argumentierte, dass durch Messung von Ort oder Impuls an dem einen Teilchen dieselben Größen nicht gleichzeitig am anderen Teilchen festgestellt werden können. Nach Bohr genügt nicht die prinzipielle Möglichkeit, eine Eigenschaft an einem Teilchen durch Messung an einem anderen Teilchen zu ermitteln, um diese Eigenschaft als real anzusehen.

Diese instantane, also ohne Zeitverlust stattfindende Fernwirkung zwischen zwei (oder auch mehreren) Teilchen hat Einstein auch als »spukhaft« bezeichnet. Sie widerspricht nicht der Speziellen Relativitätstheorie, wonach keine Art von Information schneller als mit Lichtgeschwindigkeit übertragen werden kann. Bei der Messung an dem einen Teilchen sendet man keine Information zu jemandem, der die Messung an Teilchen zwei vornimmt. Da sich das Messergebnis an S1 nicht beeinflussen lässt, sondern zufällig entsteht, eignet sich dieses nicht als Informationsträger.

Es scheint hart, dem Herrgott in die Karten zu gucken. Aber daß er würfelt und sich telepathischer Mittel bedient (wie es ihm von der gegenwärtigen Quantentheorie zugemutet wird), kann ich keinen Augenblick glauben.
Einstein an Cornelius Lanczos, März 1942

Das EPR-Paradoxon rief noch weitere Physiker auf den Plan, die auf unterschiedliche Weise gegen Einstein argumentierten. Einzig Schrödinger zeigte sich erfreut über die neuerliche Attacke und nahm selbst zu den seltsamen Konsequenzen der Quantentheorie Stellung. Eine seiner Schlussfolgerungen, in der es um die Undefiniertheit eines quantentheoretischen Zustands geht, wurde als »Schrödingers Katze« berühmt.

Das EPR-Paradoxon und Bohrs Antwort markieren das Ende der berühmten Einstein-Bohr-Debatte. Beide Kontrahenten zogen sich auf ihre Positionen zurück und diskutierten fortan nicht mehr miteinander. Als Einstein Bohr vier Jahre später in Kopenhagen besuchte, »kam das Gespräch nicht über Banalitäten hinaus«, erinnerte sich Bohrs Assistent Léon Rosenfeld. Anfang der 1980er Jahre erfuhr das EPR-Paradoxon eine Renaissance, als es erstmals möglich wurde, Einsteins Gedankenexperimente im Labor zu realisieren. Alle Versuche bestätigten die Vorhersage der Quantentheorie und beweisen die »spukhafte Fernwirkung« zwischen getrennten Objekten.

Kurz nach dem Einreichen der EPR-Arbeit, im Sommer 1935, zogen die Einsteins dann ein letztes Mal um. In der Mercer Street 112 kauften sie ein nettes Haus mit blumenreichem Vorgarten und schattiger Veranda. Einstein richtete sich im ersten Stock ein Arbeitszimmer ein, von dem aus er einen weiten Blick über Gärten hatte. Hier arbeitete er nachmittags und empfing Freunde und Kollegen. Thomas Mann beispielsweise war zwischen 1938 und 1941 ein häufiger Gast.

Seine Frau Elsa hingegen konnte sich nicht mehr lange an dem neuen Domizil erfreuen. Sie bekam ein starkes Nieren-

Ich habe hundertmal soviel über Quantenprobleme nachgedacht wie über die allgemeine Relativitätstheorie.
Einstein an Otto Stern

leiden, von dem sie sich nicht mehr erholte. Sie starb am 20. Dezember 1936.

Einstein war allerdings nicht ganz allein. Seine Sekretärin Helen Dukas blieb bei ihm, und bald zog auch seine Stieftochter Margot, die sich von ihrem Mann getrennt hatte, in das Haus. Im Jahr 1937 übersiedelte sein Sohn Hans Albert mit Frau und Kind in die USA und ging nach Kalifornien. Zwei Jahre später kam auch Einsteins Schwester Maja in die Vereinigten Staaten und zog in die Mercer Street 112. Ihr Mann, Paul Winteler, blieb in Europa. Die beiden sahen sich nie wieder. Als Maja 1946 eine Reise nach Europa plante, erlitt sie einen Schlaganfall, der sie fortan ans Bett fesselte.

Im Jahr von Elsas Tod beschäftigte sich Einstein nochmals mit der Allgemeinen Relativitätstheorie und veröffentlichte eine kleine Arbeit, deren Voraussagen erst 40 Jahre später nachgewiesen werden konnten. Dadurch erhielt sie nachträglich eine Bedeutung, die Einstein nicht für möglich gehalten hatte. Es ging um die Ablenkung eines Lichtstrahls in einem Gravitationsfeld, wie sie 1919 bei der Sonne gefunden worden war. Bereits 1916 hatte er sich auch rein akademisch mit der Lichtablenkung eines Lichtstrahls im Gravitationsfeld des Planeten Jupiter befasst. Der Wert von zwei hundertstel Bogensekunden war so klein, dass er damals weit außerhalb der Nachweismöglichkeiten lag. Einstein verfolgte dieses Phänomen daher zunächst nicht weiter.

1936 besuchte ihn ein tschechischer Elektroingenieur namens Rudi Mandl und drängte ihn, sich der Sache erneut anzunehmen. Einstein untersuchte nun die Frage, was passiert, wenn zwei Sterne von der Erde aus gesehen hintereinander stehen. Er fand für dieses Problem verschiedene Lösungen.

Einstein ließ seiner Frau die größte Sorge und Sympathie zukommen. Aber obwohl sie dem Tode nahe war, blieb er gelassen und arbeitete unablässig.

Leopold Infeld

In dem seltenen Fall, dass beide Körper exakt auf einer Linie liegen, sollte das Licht im Gravitationsfeld so abgelenkt werden, dass der hintere Stern ringförmig erscheint. Später nannte man dieses Phänomen Einstein-Ring. Stehen die beiden Sterne leicht versetzt hintereinander, so sollte das Licht des hinteren Sterns so abgelenkt werden, dass dieser am Himmel als Doppel- oder Mehrfachbild auftritt.

Als Einstein sein Manuskript über die »linsenähnliche Wirkung eines Sterns« bei dem Redakteur des Wissenschaftsmagazins ›Science‹ einreichte, entschuldigte er sich in einem Begleitschreiben geradezu mit den Worten: »Ich danke Ihnen noch sehr für das Entgegenkommen bei der kleinen Publikation, die Herr Mandl aus mir herauspresste. Sie ist wenig wert, aber dieser arme Kerl hat seine Freude davon.« Einstein war überzeugt, es handele sich um nichts weiter als eine akademische Spielerei. »Selbstverständlich gibt es keine Hoffnung, dieses Phänomen direkt zu beobachten«, meinte er und vergaß das Problem wieder.

Erst 1979 entdeckten Astronomen eine solche Gravitationslinse. Sie waren auf zwei ungewöhnlich dicht beieinander stehende Quasare aufmerksam geworden, die identische Eigenschaften besaßen. Quasare sind äußerst kompakte und daher punktförmig erscheinende Zentralregionen von Galaxien, deren Leuchtkraft so hoch ist, dass sie noch über Milliarden von Lichtjahren hinweg beobachtet werden können. Weitere Beobachtungen zeigten, dass es sich in Wirklichkeit um zwei Bilder von ein und demselben Quasar handelt. Sein Licht wird im Gravitationsfeld einer Galaxie abgelenkt, die sich etwa auf halbem Wege zwischen der Erde und dem Quasar befindet. In einem anderen Fall erzeugt eine Galaxie

> Zwei Dinge sind zu unserer Art Arbeit nötig: unermüdliche Ausdauer und die Bereitschaft, etwas, in das man viel Zeit und Arbeit gesteckt hat, wieder wegzuwerfen.
> *Einstein zu seinem zeitweiligen Assistenten Ernst Strauß*

sogar vier Bilder eines Quasars. Dieses Objekt erhielt den Namen Einstein-Kreuz.

Auch Einstein-Ringe und -Bögen ließen sich nachweisen. Am eindrucksvollsten erscheinen sie, wenn nicht nur eine einzelne Galaxie als Gravitationslinse wirkt, sondern ein ganzer Haufen, in dem viele hundert Galaxien versammelt sein können. Ihr gemeinsames Schwerefeld verzerrt die Bilder hinter ihnen befindlicher Galaxien zu sichelförmigen Bögen.

Das war Einsteins letzte wissenschaftlich wertvolle Arbeit. Fortan interessierte er sich nur noch für seine einheitliche Feldtheorie. In diesem Zusammenhang griff er ab 1938 nochmals die fünfdimensionale Theorie von Kaluza und Klein auf, verwarf sie aber ab 1941 endgültig. Über seine ständigen Veröffentlichungen, die nie lange Bestand hatten, machten

Im Gravitationsfeld des Galaxienhaufens CL0024+1654 wird das Licht einer dahinter befindlichen Galaxie so stark abgelenkt, dass diese mehrfach als (blaue) Bögen erscheint. Dieser Gravitationslinseneffekt ist einerseits ein Beleg für die Richtigkeit der Allgemeinen Relativitätstheorie. Andererseits nutzen Astrophysiker ihn, um die Masse von Galaxienhaufen zu bestimmen. Auf diese Weise lässt sich beispielsweise unsichtbare, so genannte Dunkle Materie nachweisen.

sich die Kollegen bereits lustig. Pauli hatte schon 1932 in seiner gewohnt zynischen Art geschrieben: »Beschert uns doch seine nie versagende Erfindungsgabe sowie seine hartnäckige Energie beim Verfolgen eines bestimmten Zieles in letzter Zeit durchschnittlich etwa eine solche Theorie pro Jahr – wobei es psychologisch interessant ist, dass die jeweilige Theorie vom Autor gewöhnlich eine Zeitlang als ›definitive Lösung‹ betrachtet wird.«

Einstein hatte Zeit seines Lebens nur wenige Assistenten, und keiner von ihnen ist später berühmt geworden. In den 1930er Jahren arbeitete er jedoch mit zwei Kollegen zusammen, die sich später als Autoren populärwissenschaftlicher Bücher einen Namen machten. Im Jahre 1935 kam der Engländer Banesh Hoffmann ans Institute for Advanced Study. Ein Jahr später stieß Leopold Infeld hinzu. Infeld war polnischer Jude und deshalb zunächst nach Großbritannien ausgewandert, bevor er mit einem Stipendium in die USA kam. Zu dritt arbeiteten sie an der Frage, wie sich im Rahmen der Allgemeinen Relativitätstheorie die Bewegung von Teilchen beschreiben lässt. Nach einem Jahr war aber Infelds Stipendium abgelaufen, und eine Verlängerung wurde nicht gewährt. Da kam Infeld auf die Idee, er könne zusammen mit Einstein ein populärwissenschaftliches Buch schreiben und von dessen Verkauf seinen Aufenthalt finanzieren. Einstein war einverstanden, und so entstand das Buch ›Die Evolution der Physik‹. Einstein konzipierte es, und Infeld schrieb den Text. Es war überaus erfolgreich und brachte Infeld genügend Tantiemen. Er ging 1938 nach Toronto, wo er bis 1950 als Professor lehrte, und starb 1968 in Warschau. Auch Hoffmann profilierte sich später als Autor. 1972 veröffent-

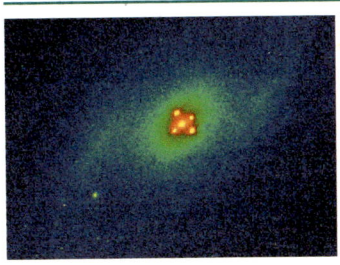

38 Das **Einstein-Kreuz** besteht aus vier Bildern eines mehrere Milliarden Lichtjahre entfernten Quasars. Sie entstehen durch die Gravitationslinsenwirkung einer Galaxie, deren Zentrum sich genau in der Mitte des Einstein-Kreuzes befindet

lichte er unter Mitwirkung von Helen Dukas eine Einstein-Biografie.

Ende der 1930er Jahre tauchte plötzlich ein Problem auf, das für kurze Zeit einige Physiker beschäftigte und dann wieder für rund 30 Jahre verschwand: Schwarze Löcher, die man anfangs mit dem mathematischen Fachausdruck als Singularitäten bezeichnete. Nachdem James Chadwick 1932 das Neutron entdeckt hatte, vermuteten einige Theoretiker, dass bei den hohen Drücken im Innern der Sterne Protonen und Elektronen zu Neutronen verschmelzen könnten. Der sowjetische Physiker Lew Landau kam zu dem Schluss, dass im Zentralbereich eines jeden Sterns ein solcher »Neutronenkern« existieren müsse. Bei der Sonne sollte er ein Tausendstel der Gesamtmasse ausmachen.

Als sein Artikel Anfang 1938 in ›Nature‹ erschien, erregte er die Aufmerksamkeit des jungen Theoretikers Julius Robert Oppenheimer. Er hatte in Göttingen bei Max Born promo-

39   Einstein in Princeton im Jahr 1937

Einsteins Domizile

Ulm:
1879: Bahnhofstraße 135 B
München:
1880: Müllerstraße 3
1885: Adlzreiterstraße 12
Mailand:
1895: Via Berchet 2

Pavia:
1895: Via Foscolo 11
Aarau:
1895: Laurenzvorstadt 119 bei Familie Winteler
Zürich:
1896: Unionsstraße 4
1898: Klosbachstraße 87
1899: Dolderstraße 17

viert und lehrte seit 1929 am California Institute of Technology (Caltec) und an der Universität Berkeley. Oppenheimer wollte Landaus Rechnungen nachprüfen und setzte zwei Studenten namens George Volkoff und Hartland Snyder auf das Problem an. Mithilfe mechanischer Rechenmaschinen ermittelten sie die Struktur eines Neutronenkerns in Abhängigkeit von dessen Masse. Die Rechnungen, bei denen schließlich noch Richard Tolman vom Caltec mithalf, erforderten einen erheblichen Aufwand, weil sie dabei die bekannten Kräfte zwischen den Atomen und die Gravitation in der Form der Allgemeinen Relativitätstheorie einbeziehen mussten. Im Frühjahr 1939 schrieb Oppenheimer seinem Freund George Uhlenbeck: »Die Ergebnisse sind sehr sonderbar.«

Die Theoretiker hatten herausgefunden, dass ein Himmelskörper, der ganz aus Neutronen besteht, nur dann stabil sein kann, wenn er eine bestimmte Grenzmasse nicht überschreitet. Ist er schwerer als diese kritische Masse, so bricht er unter dem Einfluss der Gravitation unaufhaltsam zusammen. In einer Arbeit von 1939 schrieben Oppenheimer und Snyder: »Wenn die gesamten thermonuklearen Energiequellen erschöpft sind, kollabiert ein hinreichend schwerer Stern; die darauf folgende Kontraktion hat keine Grenze.« Als äußerst interessant erwies sich auch die Frage, was dabei außerhalb des Sterns passiert. Nach den Rechnungen krümmt sich der Raum um den Stern herum immer stärker, je kleiner und kompakter er im Laufe der Kontraktion wird. Wenn er eine bestimmte Größe, den Schwarzschild-Radius, unterschreitet, schließt sich der Raum um den Körper. Der Stern nabelt sich gewissermaßen vom Universum ab und schrumpft zu einem Punkt – einer Singularität.

Winterthur:
1901: Äußere Schaffhausener Straße 38
Schaffhausen:
1901: Im Hause seines Arbeitgebers Dr. Jakob Nüsch
1901: Fulachstraße 6
1901: Hotel Cardinal, Bahnhofstraße 102

Bern:
1902: Gerechtigkeitsgasse 32
1902: Archivstraße 8
1903: Tillierstraße 18
1903: Kramgasse 49
1905: Besenscheuerweg 28
1906: Aegertenstraße 53
Zürich:
1909: Moussonstraße 12

Die Behauptung, ein ehemals riesiger Stern könne am Schluss einfach verschwinden, war damals unglaublich. Sofern die Kollegen diese Arbeit überhaupt wahrnahmen, suchten sie nach Fehlern und unzulässigen Vereinfachungen in den Rechungen, oder sie postulierten einen unbekannten Prozess, der den unaufhaltsamen Zusammenbruch eines Sterns verhindert. Auch Einstein wandte sich gegen Oppenheimers Theorie. Er ersann ein Gedankenexperiment, mit dem er glaubte, dessen Ergebnis widerlegen zu können. Nach der Veröffentlichung in den ›Annals of Mathematics‹ war für ihn diese Debatte beendet. Auch Oppenheimer widmete sich diesem Problem nie wieder. Kurze Zeit nach den Veröffentlichungen brach der Zweite Weltkrieg aus und Oppenheimer wurde wissenschaftlicher Leiter des Manhattan-Projekts.

Erst zu Beginn der 1960er Jahre griffen Theoretiker das exotische Phänomen wieder auf, allen voran John Archibald Wheeler von der Universität Princeton. Er war es auch, der 1967 den Begriff »Schwarzes Loch« in die Debatte brachte. Heute sind die Astrophysiker von der Existenz Schwarzer Löcher überzeugt. Im Rahmen der klassischen Newtonschen Theorie gäbe es sie nicht, sie sind eine Folge der Allgemeinen Relativitätstheorie. Einsteins Gedankenexperiment zur Widerlegung von Oppenheimers Theorie hatte einen Fehler enthalten.

Einstein half mit ungebrochenem Engagement weiterhin Freunden und Bekannten, die aus dem Einflussbereich der Nazis fliehen mussten. Er unterstützte ihre Einreiseanträge und half auch mit erheblichen finanziellen Mitteln, indem er Kosten für die Reise und andere Aufwendungen vorschoss

Prag:
1911: Trebizkeho ulice 1215
Zürich:
1912: Hofstraße 116
Berlin:
1914: Ehrenbergstraße 33
1914: Wittelsbacher Straße 13
1917: Haberlandstraße 5

Princeton:
1933: Library Place 2
1935: Mercer Street 112

oder übernahm. Doch die Bittanfragen nahmen von Jahr zu Jahr zu, so dass Einsteins Belastbarkeitsgrenze Ende 1938 erreicht war.

In dieser Zeit gelang Otto Hahn und Fritz Strassmann in Berlin eine weltbewegende Entdeckung. In ihrem Labor im Kaiser-Wilhelm-Institut für Chemie hatten sie Neutronen auf Uran geschossen und dabei völlig unerwartet als Reaktionsprodukt Radium gemessen. Hahns ehemalige Kollegin, die Physikerin Lise Meitner, klärte das Rätsel. Sie war nach dem »Anschluss« Österreichs an das Deutsche Reich nach Schweden geflüchtet und hielt dort brieflichen Kontakt mit Hahn. Zusammen mit ihrem Neffen Otto Robert Frisch entwickelte sie im Januar 1939 eine Theorie, mit der sie die Berliner Experimente als Kernspaltung deuten konnte. Nachdem die Arbeiten von Hahn und Strassmann sowie Meitner und Frisch erschienen waren, verbreitete sich die Nachricht wie ein Lauffeuer um die ganz Welt.

Umgehend bestätigten Wissenschaftler in den USA die Experimente, und ebenso rasch erkannten einige von ihnen die Möglichkeiten, die in der Kernspaltung steckten. Wenn man einen Urankern spaltet, wird ein Teil der Bindungsenergie des Kerns frei. Wie groß diese ist, lässt sich mit Einsteins Formel $E = mc^2$ berechnen. Allen voran griffen in den Vereinigten Staaten die Physiker Enrico Fermi und Leo Szilard die Experimente auf.

Szilard war ein äußerst begabter Physiker und Techniker. Anfang der 1920er Jahre, als er in Berlin studierte, erregte er Einsteins Interesse mit einer geistreichen Arbeit zur Thermodynamik. Einstein gefiel der vor Ideen sprühende Ungar. Immer wieder arbeitete er mit ihm zusammen, insbesondere bei

---

Wir fanden heraus, daß die zwei Kerne, die sich bei der Spaltung des Urankerns bildeten, [zusammen] insgesamt leichter als der ursprüngliche Urankern sein würden; der Unterschied betrug etwa $^1/_5$ Protonenmasse. Wenn aber Masse verschwindet, entsteht Energie nach Einsteins Formel $E = mc^2$; nun entsprach $^1/_5$ Protonenmasse gerade 200 MeV. Hier war also die Energiequelle; alles stimmte.
Otto Robert Frisch nach der Entdeckung der Kernspaltung 1939

Szilards Hobby, den Patenten. Zwischen 1924 und 1934 stellte Szilard allein oder gemeinsam mit Einstein 29 Patentanträge. In Berlin lernte Szilard auch den Studenten Eugene Wigner kennen, der später noch eine wichtige Rolle spielen sollte.

Neben seinen wissenschaftlichen Fähigkeiten besaß Szilard auch ein ausgeprägtes gesellschaftliches Verantwortungsgefühl. Richard Rhodes schreibt ihm in seinem Werk ›Die Atombombe‹ sogar die fixe Idee zu, die Menschheit retten zu wollen. Szilard pflegte persönlichen Kontakt zu dem Schriftsteller und Sozialreformer H.G. Wells. Dessen Roman ›The World set free‹ (Befreite Welt), in dem Wells bereits 1914 einen weltweiten Atomkrieg voraussagte, kannte er in- und auswendig. Szilard propagierte eine Utopie, in der jeder Staat einen Bund aus unabhängigen Persönlichkeiten gründet, der das Geschick des jeweiligen Staates lenkt. Der Bund sollte aus einer »engverknüpften Gruppe von Menschen bestehen, deren inneres Band von religiösem und wissenschaftlichem Geist durchdrungen ist.« Im Jahre 1930 unternahm Szilard sogar den Versuch, um sich herum einen Kreis fähiger Personen zu versammeln, um einen solchen Bund zu begründen.

Bereits vor der Verkündung der gelungenen Kernspaltung hatte er sich mit diesem Thema beschäftigt. Nachdem die Nachricht aus Berlin eingetroffen war, setzte er sich mit Fermi in Verbindung, um eine Technik zu entwickeln, mit der man eine Kettenreaktion und damit die Energieproduktion aus Kernspaltung realisieren könnte. Szilard war überdies sofort klar, dass man die Atomkraft auch für den Bau einer Bombe mit ungekannter Zerstörungskraft nutzen könnte.

Er befürchtete, dass die Kernphysiker in Deutschland ver-

Leo Szilard (11.2.1898–30.5.1964) kam in Budapest zur Welt und studierte dort Elektrotechnik. 1919 ging er nach Berlin und nahm das Physikstudium auf. Er promovierte bei Max von Laue und habilitierte sich 1925. Als Privatdozent blieb er bis 1933 in Berlin, dann emigrierte er zuerst nach London und ging 1938 in die USA. In Großbritannien und den USA war er fast ausschließlich damit beschäftigt, verfolgten Kollegen zu helfen. Er lebte aus Koffern in Hotels oder gemieteten Zimmern und finanzierte seinen Lebensunterhalt großteils aus den

suchen könnten, eine Atombombe zu bauen. Die größten Uranvorkommen wurden damals in Belgisch-Kongo abgebaut. Szilard wollte deshalb die belgische Regierung dazu bewegen, diesen wichtigen Rohstoff nicht an Deutschland zu verkaufen. Auf der Suche nach einem Vermittler kam er auf Einstein, der seit langem einen guten Kontakt zur belgischen Königin pflegte. Einstein verbrachte gerade seinen Sommerurlaub in Peconic auf Long Island. Dorthin machte sich Szilard am 16. Juli 1939 auf den Weg. Da er selbst keinen Führerschein besaß, fuhr ihn sein alter Freund Eugene Wigner. Einstein empfing die beiden in dem kleinen, nur mit dem Nötigsten eingerichteten Haus und hört sich Szilards Ausführungen geduldig an. Bis dahin hatte Einstein noch gar nichts von der Möglichkeit einer Kettenreaktion gehört, verstand das Problem aber sofort. Nach kurzer Debatte kamen die drei überein, den Brief nicht an die Königin zu schicken, sondern an die belgische Regierung und eine Kopie dem amerikanischen Außenministerium zukommen zu lassen. Einstein diktierte den Text, Szilard schrieb mit und Wigner übersetzte ihn ins Englische. Das berühmte Foto, auf dem man Einstein und Szilard gemeinsam am Tisch sitzen sieht, wurde nach dem Krieg in einer gespielten Szene aufgenommen.

Über einen Freund Szilards hatte ein gewisser Alexander Sachs, der unter anderem als Redenschreiber für Roosevelt gearbeitet hatte, von dem Vorhaben gehört. Der wandte sich an Szilard und überzeugte ihn davon, dass diese Angelegenheit in erster Linie das Weiße Haus anginge und er dafür sorgen wolle, dass der Präsident den Brief erhält. Szilard war sofort begeistert und verfasste aus Einsteins Briefentwurf eine zweite, längere Fassung. Anschließend fuhr er nochmals

---

Patentrechten. Ab 1946 war er Professor in Chicago. In seinen späteren Jahren beschäftigte er sich mit Bakterien- und Virengenetik.

zu Einstein, um den Entwurf mit ihm zu diskutieren. Dieses Mal chauffierte ein anderer Exilungar das Auto: Edward Teller. Dieser war später intensiv an der Entwicklung der Atombombe beteiligt und gilt als Vater der amerikanischen Wasserstoffbombe. Szilard, Wigner und Teller wurden später auch als ungarische Verschwörung bezeichnet.

Einstein empfing Szilard und Teller in Pantoffeln und abgewetzten Hosen. Gemeinsam verfassten sie nun eine dritte, lange Fassung des Briefs, die Einstein alleinig unterschrieb. In diesem berühmten Brief vom 2. August heißt es unter anderem: »Das neue Phänomen könnte auch zum Bau von Bomben führen. … Eine einzige Bombe dieser Art, auf einem Schiff befördert oder in einem Hafen explodiert, könnte sehr wohl den ganzen Hafen zusammen mit Teilen des umliegenden Gebietes zerstören.« Er riet daher dem Präsidenten, ständigen Kontakt zwischen der Regierung und den entspre-

40 Einstein mit Leo Szilard.
Die Szene dieses Fotos wurde
1946 für den Film ›Atomic
Power‹ nachgestellt.

chenden Kernphysikern herzustellen und die Forschungen zu verstärken. Darüber hinaus sollten die USA ihren Zugang zu Uran sicherstellen. Der Brief endete mit einer Warnung vor deutschen Aktivitäten: »Ich habe erfahren, dass Deutschland den Verkauf von Uran aus den von ihnen übernommenen tschechoslowakischen Bergwerken eingestellt hat. Dass Deutschland so frühzeitig gehandelt hat, mag seinen Grund darin haben, dass der Sohn des deutschen Staatssekretärs im Auswärtigen Amt, von Weizsäcker, mit dem Kaiser-Wilhelm-Institut in Berlin verbunden ist, wo einige der amerikanischen Arbeiten über Uran jetzt wiederholt werden.«

Kurze Zeit darauf nahm das Unheil in Europa seinen Lauf. Am 1. September fiel Hitler in Polen ein, und am 3. September erklärten Großbritannien und Frankreich Deutschland den Krieg. Wegen der sich überstürzenden Ereignisse in Europa bekam Sachs erst am 11. Oktober einen Termin bei Roosevelt. Dieser dankte Einstein einige Tage später und gründete einen Ausschuss, dem der Direktor des Bureau of Standards sowie jeweils ein Vertreter der U. S. Army und der Navy angehörten. Die wissenschaftliche Seite vertraten Fermi und die drei Ungarn. Das Uran-Komitee erhielt 6000 Dollar – viel zu wenig für die zu erwartenden Arbeiten. Hier stand anfangs die Beschaffung von Graphit als Moderator der Kernspaltung und eine Anlage zur Abtrennung des benötigten Isotops Uran-235 aus dem Natururan auf der Liste. Szilard veranschlagte allein für das Graphit 33 000 Dollar.

Am 1. November schickte Szilard im Namen des Komitees einen ersten Bericht über den Stand der Forschung an den Präsidenten. Doch der interessierte sich dafür wenig. Szilard wurde daraufhin ungeduldig und besuchte Einstein erneut,

---

1939 unternahmen **Fermi und Szilard** in Chicago Experimente zur jüngst entdeckten Kernspaltung. Als es zu einer engeren Zusammenarbeit der beiden kommen sollte, offenbarten sich ihre unterschiedlichen Charaktere. Während Szilard lieber Visionen entwickelte und dem Labor fern blieb, legte Fermi großen Wert auf experimentelle Fertigkeiten. Es bedurfte schließlich des diplomatischen Geschicks von George Pegram, um die beiden Physiker zusammenzubringen. Fermi und Szilard waren die führenden Physiker beim Bau des ersten Atomreaktors (ab 1942).

um einen zweiten Brief zu verfassen. In diesem Schreiben vom 7. März 1940 wiesen die beiden nochmals eindringlich darauf hin, dass seit dem Ausbruch des Krieges in Deutschland erhöhtes Interesse an Uran bestünde und die Forschungen daran in größter Verschwiegenheit fortgeführt würden. Szilard hatte darüber Informationen von Peter Debye erhalten, der bis 1940 Direktor des Kaiser-Wilhelm-Instituts für Physik in Berlin gewesen, dann aber in die USA emigriert war. Roosevelt empfahl daraufhin, das Komitee zu vergrößern und auch Einstein aufzunehmen. Der aber sagte ohne weitere Begründung schriftlich ab. Damit endete Einsteins Rolle bei der Entwicklung der Atombombe.

Dieses Projekt nahm erst Ende 1941 seinen bekannten Aufschwung zum bis dahin gewaltigsten technischen Unternehmen der Geschichte. Dazu trug wesentlich ein Bericht bei, den Roosevelt im Oktober 1941 erhielt. Er kam aus Großbritannien. Dort war eine Gruppe von Physikern zu dem Schluss gekommen, »dass es möglich ist, eine wirksame Uranbombe zu bauen«. Churchill wurde von den Ergebnissen unterrichtet, und man schlug vor, eine eigene Anlage zur Urananreicherung zu errichten. Der englische Premier stimmte dem Vorschlag zu, obwohl er »mit den existierenden Explosivstoffen ganz zufrieden« war.

In den Vereinigen Staaten erhielt die Uranforschung schließlich ein ganz anderes Gewicht, als die Amerikaner im eigenen Land angegriffen wurden: Am 7. Dezember 1941 bombardierte die japanische Luftwaffe den Hafen von Pearl Harbor auf Hawaii, einen Tag, nachdem bei Los Alamos der Manhattan Engineering Destrict gegründet worden war. Am 10. Dezember erklärte Deutschland den Vereinigten Staaten

---

Er brauchte die Menschen nicht, aber er hatte innige Freude an ihnen und er litt mit ihnen.
Hedwig Born über Einstein

den Krieg. In einem beispiellosen Kraftakt, an dem fast alle Physiker in den Vereinigten Staaten in irgendeiner Weise beteiligt waren, gelang es in Los Alamos innerhalb von dreieinhalb Jahren, eine Atombombe zu bauen. Die Testexplosion erfolgte am 15. Juli 1945 in der Nähe von Alamogordo in der Wüste von New Mexico.

Mit dieser Entwicklung hatte Einstein nichts mehr zu tun. Am späteren Manhattan-Projekt beteiligte ihn die Regierung nicht, weil ihn das FBI und die Geheimdienste als Sicherheitsrisiko einstuften. Einstein hatte am 1. Oktober 1940 zusammen mit seiner Stieftochter Margot und Helen Dukas die amerikanische Staatsbürgerschaft erhalten, aber die Geheimdienste hielten es für unwahrscheinlich, »dass ein Mann seines Hintergrundes in so kurzer Zeit ein loyaler amerikanischer Bürger werden kann.« Als Beweis für seinen mutmaßlichen »radikalen Hintergrund« sah man sein öffentliches Eintreten für den Pazifismus und seine sporadischen Sympathiebekundungen für die Sowjetunion an. Dennoch leistete Einstein kleine Beiträge zur Kriegsforschung. Ende 1941 übergab er dem damaligen Direktor des Institute for Advanced Study einige Skizzen zur Abtrennung von Uran-235, und im Jahre 1943 beriet er hin und wieder zusammen mit George Gamow die Armee im Bereich hochexplosiver Sprengstoffe. Außerdem unterstützte er auf eine kuriose Weise indirekt das Verteidigungsministerium. Auf Anfrage einer Organisation namens Book and Authors War Bond Committee schrieb er seine Arbeit zur Speziellen Relativitätstheorie aus dem Jahre 1905 handschriftlich ab. Dieses Manuskript wurde gemeinsam mit einer neuen Arbeit zur einheitlichen Feldtheorie, die er gerade fertig gestellt hatte, für

---

Einstein wurde nach dem Krieg immer wieder als **Vater der Bombe** bezeichnet, so in einem Artikel des ›Time Magazine‹ am 1. Juli 1946. Auf dem Titel erschien sein Portrait vor einem Atompilz, in dem die Formel $E = mc^2$ zu lesen war. Darunter stand: »Weltzerstörer Einstein.«

Es waren wohl auch solche Artikel, die ihn später mehrmals zu der Äußerung veranlassten, er hätte nie einen Brief an den Präsidenten geschrieben, wenn er gewusst hätte, wie weit die Deutschen von der Realisierung einer Atombombe entfernt waren.

insgesamt elf Millionen Dollar versteigert. Aus dem Erlös kaufte die Gesellschaft Kriegsanleihen.

Nach den Explosionen der zwei Atombomben über Hiroshima und Nagasaki am 6. und 9. August, welche die Japaner zur Kapitulation zwangen, und unmittelbar etwa 280 000 Menschen das Leben kosteten, stand Einstein plötzlich wieder im Rampenlicht der Öffentlichkeit. Er war es gewesen, der den Präsidenten auf die Möglichkeit dieser neuartigen Waffe hingewiesen hatte, und seine Formel $E = mc^2$ beinhaltete ihr physikalisches Prinzip. Er wies jedoch jede direkte Beteiligung von sich und wehrte sich gegen die Bezeichnung »Vater der Atomenergie«. Drei Tage nach dem Abwurf der zweiten Atombombe erklärte er in der ›New York Times‹: »Ich habe [an der Entwicklung der Atombombe] nicht mitgearbeitet, nicht im geringsten.« Und in einem Interview bekräftigte er sein Motiv nochmals: »Die Wahrscheinlichkeit, dass die Deutschen am selben Problem mit Aussicht auf Erfolg arbeiten dürften, hat mich zu diesem Schritt [dem Brief an den Präsidenten] gezwungen.« Oppenheimer relativierte Einsteins Beitrag zur Atombombe bei einem Vortrag im Jahre 1965 sogar noch weiter: »Doch ich sollte auch erwähnen, dass dieser Brief nur sehr wenig Wirkung zeitigte, und dass Einstein selbst nicht verantwortlich ist für das, was später kam.«

Die amerikanischen Physiker aber hatten die zerstörerischste Waffe aller Zeiten entwickelt: »Diese Waffe wurde dem amerikanischen und britischen Volk als Treuhändern der ganzen Menschheit, als Kämpfern für Frieden und Freiheit übergeben. Aber bisher ist weder der Friede noch irgendeine der in der Atlantik-Charta versprochenen Freiheiten gesichert. Der Krieg ist gewonnen – aber nicht der Friede«,

---

Gott ist unerbittlich darin, wie er seine Gaben verteilt hat. Mir hat er die maultierhafte Starrnäckigkeit gegeben und sonst nichts; das heißt, die Nase hat er mir auch gegeben.

Einstein

schrieb Einstein im Dezember 1945. Er setzte sich jetzt öffentlich für eine Weltregierung ein, »welche Konflikte zwischen Nationen durch richterliche Entscheidung zu lösen imstande ist.« Außerdem beklagte er, dass man nichts getan habe, um Russlands Misstrauen zu mildern, und zeigte Verständnis für Nationen, die Angst vor einem imperialistischen Machtstreben der USA haben.

Nach dem Abwurf der beiden Atombomben auf zivile Ziele zeigten sich viele der beteiligten Physiker zutiefst betroffen. Wieder trat Leo Szilard auf, dieses Mal, indem er ein Notkomitee der Atomforscher gründete. Ziel war es, Politiker und Öffentlichkeit über die Gefahren eines atomaren Wettrüstens aufzuklären. Den Vorsitz hatte Einstein, das Komitee blieb jedoch weitgehend wirkungslos und wurde 1948 wieder aufgelöst. Einsteins individuellem Kampf gegen das Wettrüsten tat dies aber keinen Abbruch. So nutzte er im Februar 1950 erstmals das neue Medium Fernsehen, um sich gegen die Entwicklung der Wasserstoffbombe auszusprechen: »Jeder Schritt

41 Einstein vor den Kameras der Fernsehgesellschaft NBC, wo er die Entscheidung der US-Regierung, die Wasserstoffbombe weiterzuentwickeln, kritisiert.

erscheint als unvermeidliche Folge des vorangehenden. Als Ende winkt immer deutlicher die allgemeine Vernichtung.«

So sehr er sich für eine Entspannung der Weltlage einsetzte und sie sich wünschte, so unerbittlich blieb er gegenüber Deutschland. »Die Deutschen als ganzes Volk sind für diese Massenmorde verantwortlich und müssen als Volk dafür gestraft werden«, hatte er schon 1944 in der New Yorker Zeitschrift ›Bulletin of the Society of Polish Jews‹ geschrieben. Als Arnold Sommerfeld ihn bat, wieder der Akademie der Wissenschaften beizutreten, antwortete er ihm Ende 1945: »Nachdem die Deutschen meine jüdischen Brüder in Europa hingemordet haben, will ich nichts mehr mit Deutschen zu tun haben, auch nichts mit einer relativ harmlosen Akademie.« Ebenso lehnte er Otto Hahns Bitte ab, auswärtiges Mitglied der neu gegründeten Max-Planck-Gesellschaft zu werden, und wies die Anfrage von Theodor Heuss nach einer erneuten Aufnahme als »verschimmeltes Mitglied«, wie er einer Bekannten schrieb, in den Orden Pour le Mérite zurück. Er verbat es sich sogar, dass Publikationen von ihm in Deutschland veröffentlicht würden. Gleichwohl wusste Einstein sehr wohl zu unterscheiden zwischen dem »Land der Massenmörder« und einzelnen Personen, die standhaft geblieben waren, wie Planck, Laue, Hahn oder Sommerfeld.

In den Nachkriegsjahren verschlechterte sich Einsteins Gesundheitszustand zusehends. Er hatte Schmerzen im Unterleib und heftige Übelkeitsanfälle. Als man eine Zyste diagnostizierte, kam er ins Krankenhaus, wo man ihn operierte. Dabei fand man Darmverwachsungen und ein Aneurysma, eine krankhafte Erweiterung der Aorta. Einstein erholte sich von dem Eingriff bei einem mehrwöchigen Aufenthalt in Flo-

---

Was mich eigentlich interessiert ist, ob Gott die Welt hätte anders machen können; das heißt ob die Forderung der logischen Einfachheit überhaupt eine Freiheit lässt.

Einstein

rida, bevor er nach Princeton zurückkehrte. Dort kümmerte er sich weiter um seine Schwester Maja, die seit ihrem Schlaganfall ans Bett gefesselt war. Als sie bei einem Versuch aufzustehen stürzte, brach sie sich einen Arm und wurde ins Krankenhaus eingeliefert. Dort erkrankte sie an einer Lungenentzündung, an der sie am 25. Juni 1951 starb. Maja fehlte ihm sehr, wie er einer Bekannten schrieb.

Aufregend wurde es für ihn noch einmal Ende 1952. Am 9. November war Chaim Weizmann, der erste Präsident Israels, gestorben. Umgehend brachten israelische Zeitungen Einstein als idealen Nachfolger ins Spiel. Als dieser hiervon erfuhr, rief er sofort in der israelischen Botschaft in Washington an, wo er Abba Eban erreichte. Einstein machte ihm klar, dass er für dieses hohe Staatsamt völlig ungeeignet sei und er ablehne. Damit alles seinen ordentlichen Gang ging, erhielt Einstein *pro forma* eine offizielle Anfrage, die er dann ebenfalls ganz offiziell ablehnte. Unter anderem meinte er, »weder die natürlichen Fähigkeiten noch die Erfahrung im richtigen Verhalten zu Menschen in der Ausübung offizieller Funktionen« zu haben, um dieses hohe Amt angemessen zu führen. Davon war wohl auch Ministerpräsident Ben Gurion überzeugt, denn seinem Sekretär soll er zuvor gesagt haben: »Was sollen wir tun, wenn Einstein annimmt? Wir kommen in die größten Schwierigkeiten.«

Trotz schwindender Kräfte widmete sich Einstein nach wie vor mit ungebrochener Energie seinem alten Problem der einheitlichen Feldtheorie, und er engagierte sich politisch. Sein Eintreten für eine Weltregierung und Äußerungen gegen das Wettrüsten oder gegen Rassismus machten ihn in den Augen der Regierung nicht eben sympathisch. Brisant

---

Ich liebte und bewunderte ihn wegen seiner großen Güte, seiner geistigen Originalität und seines unbeugsamen sittlichen Mutes. ... Im Gegensatz zu den meisten so genannte Intellektuellen, deren moralisches Gefühl oft in so verhängnisvoller Weise verkümmert ist, hat Einstein unermüdlich gegen jegliche Ungerechtigkeit und Gewalttat seine Stimme erhoben. Er wird in der Erinnerung künftiger Geschlechter weiterleben.
Maurice Solovine, 1956

wurde es für ihn, als der »Fall Oppenheimer« die Presse in aller Welt beschäftigte.

Bereits im März 1947 hatte Truman eine Loyality Order erlassen, wonach sich Beamte im öffentlichen Dienst und Persönlichkeiten des öffentlichen Lebens einer Gesinnungsüberprüfung unterziehen mussten. Ende 1952 verschärfte sich die Situation weiter, als die Republikaner die Wahl gewannen und Eisenhower Präsident wurde. Kurz darauf bekam ein gewisser Joseph McCarthy Aufwind, der seit Beginn der 1950er Jahre den Senatsausschuss zur Untersuchung unamerikanischer Umtriebe leitete. Ab 1953 nahm dieser Ausschuss groteske Züge an und begann eine bis dahin nicht gekannte antikommunistische Hetzjagd, in deren Rahmen unzählige Intellektuelle denunziert und überprüft wurden.

Auch Einstein blieb hiervon nicht verschont. Sein alter Feind aus Berliner Zeiten, Paul Weyland, arbeitete als FBI-Agent und hatte ihn angezeigt. Das FBI griff dessen Vorwürfe gerne auf und versuchte, Einstein Spionage für die Sowjets nachzuweisen. Keine Geschichte konnte unsinnig genug sein, um von den Geheimdienstagenten und ihrem Chef, J. Edgar Hoover, nicht dankbar aufgegriffen zu werden. Diese schreckten auch nicht davor zurück, Helen Dukas, bei der sie Kontakt mit Kommunisten in Berliner Zeiten vermuteten, in Einsteins Haus aufzusuchen und sie über seine Berliner Zeit auszufragen. Hintergrund waren haltlose Spionageverdächtigungen. So finden sich in einem Memo für Hoover aus dem Jahre 1950 folgende Beschuldigungen: »Die Behörde glaubt, dass Professor Einstein ein extrem Radikaler ist.« Weiter sei von 1923 bis 1929 »Einsteins Haus als Kommunistenzentrum und Versammlungsort bekannt gewesen.« Darüber hinaus

---

Einsteins Gehirn
Einsteins Gehirn wurde von Thomas S. Harvey, einem Pathologen des Krankenhauses in Princeton, obduziert. Er wollte herausfinden, ob das Gehirn in irgendeiner Form von typischen Werten abweicht, ob sich also die Genialität physisch manifestiert. Er fand jedoch nichts. Mit einem Gewicht von 1230 Gramm lag es am unteren Ende des Normalgewichtsbereichs von 1200 bis 1600 Gramm. Anschließend konservierte Harvey das Gehirn

»habe man die Einstein-Villa am Wannsee als Versteck für Abgesandte Moskaus usw. entlarvt.« Zu guter Letzt vermutete man auch einen Kontakt mit dem Spion Klaus Fuchs. Die Behörde legte insgesamt eine über 1800 Seiten starke Akte an, die erst mit Einsteins Tod im Jahre 1955 geschlossen wurde.

Einstein hatte in dieser Zeit keine Bedenken, sich für das prominenteste Opfer der McCarthy-Ära einzusetzen: Julius Robert Oppenheimer. Der Untersuchungsausschuss warf Oppenheimer vor, er wäre zwischen 1939 und 1942 ein überzeugter Kommunist gewesen und habe für die Sowjets spioniert. Im Frühjahr 1954, als der Schauprozess seinen Höhepunkt erreichte, gab Einstein einer Anfrage von Associated Press nach und schrieb eine Pressemitteilung, in der er entschieden für den Angeklagten eintrat. Es half nichts. Präsident Eisenhower folgte der Empfehlung der nationalen Atomenergiekommission und entzog Oppenheimer am 29. Juni 1954 die Sicherheitsgarantie. Dies bedeutete den Ausschluss aus allen Regierungsämtern und der Atomforschung.

Einsteins letzte öffentliche Äußerung ging auf eine Initiative des Philosophen Bertrand Russell zurück. Der trat im Februar 1955 an Einstein mit der Bitte heran, einen öffentlichen Appell mit zu unterzeichnen, in dem den Politikern und der Weltöffentlichkeit der Wahnwitz eines Atomkrieges verdeutlicht werden sollte. Die beiden Friedensaktivisten tauschten mehrmals verschiedene Versionen aus, bis Einstein am 11. April den endgültigen Text unterzeichnete und an seinen Mitstreiter zurückschickte. Diese Erklärung wurde als »Einstein-Russell-Manifest« berühmt und hatte die Gründung der Pugwash-Konferenz zur Folge. In ihr versammelten sich Naturwissenschaftler und Intellektuelle, um gegen das ato-

---

in einer chemischen Lösung, zerteilte es in etwa 170 Teile und fertigte 1200 Dünnschnitte für Mikroskopieuntersuchungen an, die er an diverse Institute verschickte. Im Jahre 1993 wurde an einem Päparat eine DNA-Analyse vorgenommen. Der Grund war die Behauptung einer Frau, sie sei die uneheliche Tochter von Einstein und einer New Yorker Tänzerin. Es ließ sich jedoch kein genetischer Fingerabdruck erstellen, weil das Konservierungsmittel die DNA zu stark angegriffen hatte.

mare Wettrüsten einzutreten. Diese Institution erhielt 1995 den Friedens-Nobelpreis.

Am Tag nach der Unterzeichnung des Manifests ging Einstein zum letzten Mal ins Institut. Am 13. April überfielen ihn heftige Unterleibsschmerzen, so dass mehrere Ärzte gerufen wurden. Diese diagnostizierten einen Anriss des Aneurismas, aber Einstein lehnte eine Operation entschieden ab: »Ich möchte gehen, wann ich möchte. Es ist geschmacklos, das Leben künstlich zu verlängern. Ich habe meinen Anteil getan, es ist Zeit zu gehen.« Am 15. brachte man ihn ins Princeton Hospital, wo ihn seine Tochter Margot besuchte, die zufällig wegen starker Ischiasschmerzen ebenfalls dort lag. Am Samstag kam auch sein Sohn Hans Albert aus Berkeley angereist, so dass die beiden Kinder aus zwei Ehen von ihrem Vater Abschied nehmen konnten. In der Nacht von Sonntag auf Montag, den 18. April, rückte die Krankenschwester gegen ein Uhr Einsteins Kopfkissen zurecht, weil er unruhig geatmete hatte. Dann sprach er noch einige Worte und starb. »The last words of the intellectual giant were lost to the world«, stand am nächsten Tag in der ›New York Times‹: Die Krankenschwester verstand kein Deutsch.

Einstein wollte nie den Kult um seine Person. Daher ordnete er auch an, dass er verbrannt und seine Asche an einem unbekannten Ort verstreut werde. Seine Tochter Margot schrieb an Hedwig Born: »Er ... wartete auf sein Ende wie auf ein bevorstehendes Naturereignis. ... Ohne Sentimentalität und ohne Bedauern ist er von dieser Welt gegangen.«

Er war die Verkörperung des reinen Intellekts, der zerstreute Professor mit dem deutschen Akzent, ein komisches Cliché für Tausende von Filmen. So wie der Little Tramp von Charlie Chaplin war das von zerzauster Mähne umgebene Gesicht Albert Einsteins Normalbürgern ebenso vertraut wie den mütterlichen Damen, die ihn in den Salons von Berlin bis Hollywood umschwirrten. Und doch war er von unauslotbarer Tiefe – das Genie unter den Genies, welches allein durch Nachdenken entdeckte, dass das Universum nicht so ist, wie es uns erscheint.

Das ›Time Magazine‹ zur Wahl Einsteins zum Mann des Jahrhunderts,
Januar 2000

42 Albert Einstein im Jahr 1954

Zeittafel

1879 14. März: Albert Einstein kommt in Ulm als erstes Kind von Hermann und Pauline Einstein zur Welt.
1880 Juni: Umzug nach München.
1881 18. November: Geburt von Maria (Maya) Einstein.
1884 Albert erhält Privatunterricht.
1885 Besuch der katholischen Volksschule und erster Violinunterricht.
1888 Aufnahme in das Luitpold-Gymnasium.
1894 Juni: Umzug der Familie nach Oberitalien, Albert bleibt in München. Am Ende des Jahres reist er jedoch ohne Schulabschluss nach.
1895 Oktober: Albert fällt bei der Aufnahmeprüfung zum Polytechnikum in Zürich durch, obwohl er in Mathematik und Physik sehr gute Leistungen vorweist. Anschließend geht er an die Kantonsschule Aarau.
1896 Januar: Entlassung aus der deutschen Staatsbürgerschaft. Oktober: Matura und Aufnahme eines Studiums am Polytechnikum Zürich. Hier lernt Einstein seine spätere erste Frau Mileva Marić kennen.
1900 Juli: Diplom als Fachlehrer. Dezember: Erste Veröffentlichung in den Annalen der Physik.
1901 Februar: Schweizer Staatsbürgerschaft, Mai: Aushilfslehrer am Technikum Winterthur, September: Privatlehrer in Schaffhausen, November: Erfolgloses Einreichen einer Dissertation an der Universität Zürich.
1902 Januar: Geburt des Kindes Lieserl, das im folgenden Jahr vermutlich zur Adoption freigegeben wird. Juni: Antritt seiner Stelle beim Berner Patentamt. Oktober: Tod von Hermann Einstein.
1903 Januar: Hochzeit von Albert Einstein und Mileva Marić.
1904 Mai: Geburt des Sohnes Hans Albert.
1905 Das *annus mirabilis*: Innerhalb weniger Monate veröffentlicht Einstein bahnbrechende Arbeiten zur Lichtquanten-Hypothese (spätere Ehrung mit dem Nobelpreis), zur Bestimmung der Moleküldimensionen (spätere Dissertation), zur Brownschen Bewegung und zur Elektrodynamik bewegter Körper (spätere Spezielle Relativitätstheorie) sowie Herleitung der Äquivalenz von Masse und Energie $E = mc^2$.
1906 Januar: Erlangung der Doktorwürde.
1908 Februar: Habilitation und Stelle eines Privatdozenten an der Universität Bern.
1909 Mai: Außerordentliche Professur für Theoretische Physik an der Universität Zürich.
1910 Juli: Geburt des Sohnes Eduard.
1911 April: Ordinariat an der Universität Prag.
1912 April: Kontakt mit seiner Cousine Elsa und Austausch von Liebesbriefen. Oktober: Professur für Theoretische Physik an der Universität Zürich. Konkrete Arbeiten an der späteren Allgemeinen Relativitätstheorie zusammen mit Marcel Grossmann.
1914 April: Antritt seiner Stelle als Mitglied der Preußischen Akademie der Wissenschaften. Juni: Mileva und Albert trennen sich, Mileva zieht mit den Söhnen

nach Zürich. August: Beginn des Ersten Weltkriegs. Einstein engagiert sich öffentlich für Pazifismus und Völkerverständigung.
1915 November: Abschluss der Allgemeinen Relativitätstheorie mit Vortrag vor der Akademie der Wissenschaften.
1916 Mai: Vorsitzender der Deutschen Physikalischen Gesellschaft. Arbeiten zur Quantentheorie, von denen eine das Laser-Prinzip vorwegnimmt. Verfasst das Buch ›Über die spezielle und die allgemeine Relativitätstheorie, gemeinverständlich‹.
1917 Schwere Erkrankung und Pflege durch Elsa. Februar: Anwendung der Allgemeinen Relativitätstheorie auf die Kosmologie. Oktober: Gründung des Kaiser-Wilhelm-Instituts für Physik, dessen erster Direktor Einstein wird. Allerdings kommt es nicht zum Bau eines eigenen Gebäudes.
1918 November: Kriegsende.
1919 Februar: Scheidung von Mileva. Juni: Heirat mit Elsa. November: Bestätigung seiner Allgemeinen Relativitätstheorie durch Beobachtungsresultate einer Sonnenfinsternis.
1920 Februar: Pauline Einstein stirbt. Erste öffentliche Angriffe gegen die Relativitätstheorie. Dezember: Aufnahme in den Orden Pour le Mérite.
1921 Vortragsreisen, darunter erstmals in den USA.
1922 Erster Versuch einer verallgemeinerten Feldtheorie, Reise nach Frankreich. Juni: Ermordung Walter Rathenaus. November: Verleihung des Physik-Nobelpreises für das Jahr 1921. Einstein erfährt davon während einer Japanreise.
1925 Arbeiten zur Quantentheorie einatomiger idealer Gase (Bose-Einstein-Statistik).
1927 Beginn der intensiven Auseinandersetzung mit Bohr über die Quantentheorie, die im Oktober auf dem Solvay-Kongress in Brüssel einen Höhepunkt erreicht.
1929 Juni: Verleihung der Max-Planck-Medaille.
1930 Weitere Vortragsreisen in den USA. Wachsendes Engagement für Kriegsdienstverweigerung, Pazifismus und Demokratie.
1933 Januar: Machtergreifung der Nationalsozialisten. März: Einstein verkündet öffentlich in den USA, nicht mehr nach Deutschland zurückzukehren. Er kündigt sämtliche Mitgliedschaften in Deutschland, wie der Akademie und dem Orden Pour le Mérite.
1934 Tod von Elsas Tochter Ilse in Paris, die andere Tochter, Margot, übersiedelt nach Princeton.
1935 Mai: Veröffentlichung des Einstein-Podolsky-Rosen-Paradoxons, Oktober: Umzug in das Haus Mercer Street 112.
1936 Dezember: Tod Elsa Einsteins.
1937 Einsteins Sohn Hans Albert übersiedelt nach Kalifornien.
1939 Einsteins Schwester Maya übersiedelt nach Princeton. August: Brief an Präsident Roosevelt, in dem Einstein vor der Gefahr einer deutschen Atombombe warnt. September: Beginn des Zweiten Weltkriegs.
1940 März: Zweiter Brief an den Präsidenten. Oktober: Einstein wird amerikanischer Staatsbürger. Am Bau der Atombombe ist er nicht beteiligt.
1944 März: Ruhestand. Einstein arbeitet aber unverändert weiter.
1945 August: Der Abwurf der Atombomben über Hiroshima und Nagasaki zwingt Japan zur Kapitulation. Nach dem Krieg setzt sich Einstein für eine Weltregierung ein und engagiert sich für eine Rüstungskontrolle. Dies trägt entscheidend dazu bei, dass er in der McCarthy-Ära vom Geheimdienst intensiv überprüft wird.

1948 August: Tod von Mileva in Zürich. Dezember: Einstein wird am Unterleib operiert.
1951 Juni: Tod von Maya im Haus Mercer Street 112.
1952 November: Einstein lehnt den inoffiziellen Wunsch ab, als Nachfolger Chaim Weizmanns zweiter Präsident Israels zu werden.
1954 April: Öffentliche Unterstützung für Julius Robert Oppenheimer gegenüber dem FBI.
1955 18. April: Einstein stirbt im Princeton Hospital. Er wird verbrannt und seine Asche an einem unbekannten Ort verstreut.

Literatur

Biografisches
Brian, D., Einstein. A Live, Wiley, New York 1996.
Calaprice, A. (Hrsg.), Einstein sagt. Zitate, Einfälle, Gedanken, Piper, München 1997.
Clark, R. W., Albert Einstein. Leben und Werk, Heyne, München 1976.
Fischer, E. P., Einstein. Ein Genie und sein überfordertes Publikum, Springer, Heidelberg 1996.
Fölsing, A., Albert Einstein. Eine Biographie, Suhrkamp, Frankfurt/M. 1993.
Grundmann, S., Einsteins Akte, Springer, Heidelberg 1998.
Frank, Ph., Einstein. Sein Leben und seine Zeit, List, München 1949, Neuausgabe Vieweg, Braunschweig 1979.
French, A. P. (Hrsg.), Albert Einstein. Wirkung und Nachwirkung, Vieweg, Braunschweig 1985.
Hermann, A., Einstein. Der Weltweise und sein Jahrhundert, Piper, München 1994.
Herneck, F., Einstein privat, Der Morgen, Berlin 1978.
Herneck, F., Einstein und sein Weltbild, Aufsätze und Vorträge, Der Morgen, Berlin 1976.
Highfield, R., Carter, P., Die geheimen Leben des Albert Einstein, Byblos, Berlin 1994.
Jerome, F., The Einstein File. J. Edgar Hoovers secret war against the world's most famous scientist, St. Martin's Press, New York 2002.
Kanitscheider, B., Das Weltbild Albert Einsteins, Beck, München 1988.
Pais, A., »Raffiniert ist der Herrgott...«. Eine wissenschaftliche Biographie, Vieweg, Braunschweig 1986.
Pais, A., Ich vertraue auf Intuition. Der andere Albert Einstein, Spektrum, Heidelberg 1995.
Seelig, C., Albert Einstein, Europa, Zürich, 1960.
Seelig, C., Helle Zeit – Dunkle Zeit. In memoriam Albert Einstein, Europa, Zürich 1956, Reprint bei Vieweg, Braunschweig 1986.
Schilpp, P. A., Albert Einstein als Philosoph und Naturforscher, Vieweg, Braunschweig 1979.
Schönbeck, C., Albert Einstein und Philipp Lenard, Springer, Heidelberg 2000.
Wickert, J., Einstein, Rowohlt, Hamburg 1972.
Stachel, J. (Hrsg.), Einstein from B to Z, Birkhäuser, Basel 2002.

Ausgewählte Originalarbeiten

Über einen die Erzeugung und Verwandlung des Lichtes betreffenden heuristischen Gesichtspunkt, Annalen der Physik 17, 132 (1905).

Eine neue Bestimmung der Moleküldimensionen, Dissertation, gedruckt bei K. J. Wyss, Bern 1905.

Über die von der molekularkinetischen Theorie der Wärme geforderte Bewegung von in ruhenden Flüssigkeiten suspendierten Teilchen, Annalen der Physik 17, 549 (1905).

Zur Elektrodynamik bewegter Körper, Annalen der Physik 17, 891 (1905).

Ist die Trägheit eines Körpers von seinem Energieinhalt abhängig?, Annalen der Physik 18, 639 (1905)

Zur Theorie der Brownschen Bewegung, Annalen der Physik 19, 371 (1906).

Über das Relativitätsprinzip und die aus demselben gezogenen Folgerungen, Jahrbuch der Radioaktivität und Elektronik 4, 411 (1907).

Über den Einfluß der Schwerkraft auf die Ausbreitung de Lichtes, Annalen der Physik 35, 898 (1911).

Entwurf einer verallgemeinerten Relativitätstheorie und einer Theorie der Gravitation, Zeitschrift für Mathematik und Physik 62, 225 (1913).

Erklärung der Perihelbewegung des Merkur aus der allgemeinen Relativitätstheorie, Sitzungsberichte der Preußischen Akademie der Wissenschaften, 831 (1915).

Die Feldgleichungen der Gravitation, Sitzungsberichte der Preußischen Akademie der Wissenschaften, 844 (1915).

Die Grundlage der Allgemeinen Relativitätstheorie, Annalen der Physik 49, 769 (1916).

Kosmologische Betrachtungen zur Allgemeinen Relativitätstheorie, Sitzungsberichte der Preußischen Akademie der Wissenschaften, 142 (1917).

Über Gravitationswellen, Sitzungsberichte der Preußischen Akademie der Wissenschaften, 154 (1918).

Quantentheorie des einatomigen idealen Gases, Sitzungsberichte der Preußischen Akademie der Wissenschaften, 261 (1924) und 3 (1925).

Can Quantum-Mechanical Description of Physical Reality be Considered Complete?, mit B. Podolsky und N. Rosen, Physical Review 47, 777 (1935).

Lense-like action of a star by deviation of light in the gravitational field, Science 84, 506 (1936).

On gravitational waves, mit N. Rosen, Journal of the Franklin Institute 223, 43 (1937)

Werke und Briefe

The Collected Papers of Albert Einstein, Princeton University Press, Princeton. Bislang erschienen Bd. 1, Die frühen Jahre 1879–1902, bis Bd. 7, Die Berliner Jahre, 1918–1921. Editionsplan unter: http://pupress.princeton.edu/catalogs/series/cpe.html

Einstein, A., Akademie-Vorträge, Akademie-Verlag, Berlin 1979.

Einstein, A., Aus meinen späten Jahren, DVA, Stuttgart 1990.

Einstein, A., Grundzüge der Relativitätstheorie, Springer, Heidelberg 2001.

Einstein, A., Mein Weltbild, Ullstein, Frankfurt.

Einstein, A., Über die spezielle und die allgemeine Relativitätstheorie, gemeinverständlich, Springer, Heidelberg 2001.

Einstein, A., und andere, Warum Krieg?, Diogenes, Zürich 1996.

Einstein, A., Besso, M., Correspondance 1903–1955, Hermann, Paris 1972.

Einstein, A., Born, M., Briefwechsel 1916–1955, Nymphenburger, München 1969.

Einstein, A., Infeld, L., Die Evolution der Physik, Neuausgabe Rowohlt, Hamburg 1995

LITERATUR

Einstein A., Sommerfeld, A., Briefwechsel, A. Hermann (Hrsg.), Schwabe & Co., 1968

Meyenn, K. v. (Hrsg.), Albert Einsteins Relativitätstheorie. Die grundlegenden Arbeiten, Vieweg, Braunschweig 1990.

Renn, J., Schulmann, R. (Hrsg.), Am Sonntag küss' ich Dich mündlich. Die Liebesbriefe, Piper, München 1994.

Zur Relativitätstheorie und Quantentheorie

Aczel, A. D., Die göttliche Formel. Von der Ausdehnung des Universums, Rowohlt, Hamburg 2002.

Bodanis, D., Bis Einstein kam. DVA, Stuttgart, 2001.

Bührke, Th., $E = mc^2$. Einführung in die Relativitätstheorie, dtv, München 1999.

Castagnetti, G. et al., Das »Züricher Notizbuch«, in: Einstein in Berlin, Arbeitsbericht der Arbeitstelle Albert Einstein 1991–1993, Max-Planck-Institut für Bildungsforschung, Berlin 1994

D'Inverno, R., Einführung in die Relativitätstheorie, Wiley-VCH, Weinheim 1995.

Fließbach, T., Allgemeine Relativitätstheorie, Spektrum Akademischer Verlag, Heidelberg 2003.

Fritzsch, H., Die verbogene Raum-Zeit. Piper, München 1996.

Fritzsch, H., Eine Formel verändert die Welt. Piper, München 1993.

Goenner, H., Einsteins Relativitätstheorien. Raum, Zeit, Masse, Gravitation. C. H. Beck, München 1997.

Günther, H., Starthilfe Relativitätstheorie, Teubner, Frankfurt 2002.

Hoffmann, B., Einsteins Ideen. Spektrum Akademischer Verlag, Heidelberg 1988, unveränderte Neuausgabe 1997.

Howard, D., Stachel, J. (Hrsg.), Einstein and the History of General Relativity, Basel 1989.

Pauli, W., Relativitätstheorie, Springer, Heidelberg 2000.

Ruder, H. und M, Die Spezielle Relativitätstheorie. Vieweg, Braunschweig 1993.

Russell, B., Das ABC der Relativitätstheorie, Rowohlt, Hamburg 1972.

Schmutzer, E., Relativitätstheorie aktuell, Teubner, Frankfurt 1997.

Schutz, B. F., Gravity from the Ground Up, Cambridge University Press, Cambridge 2003.

Schutz, B. F., A First Course in General Relativity, Cambridge University Press, Cambridge, 1985.

Sexl, R. und H., Weiße Zwerge – Schwarze Löcher, Vieweg, Braunschweig 1975.

Sexl, R., Schmidt, H.K., Raum – Zeit – Relativität, Vieweg, Braunschweig 1991.

Stachel, J. (Hrsg.), Einsteins Annus mirabilis, Auf dem Weg zur Quantenphysik, Rowohlt, Hamburg 2001.

Taylor, E. F., Wheeler, J. A., Physik der Raumzeit, Spektrum Akademischer Verlag, Heidelberg 1994.

Wheeler, J. A., Gravitation und Raumzeit, Spektrum Akademischer Verlag, Heidelberg 1991.

Internet

Einstein Forum Potsdam
www.einstein-forum.de

Hebräische Universität Jerusalem
www.albert-einstein.org

Online-Einstein-Archiv
www.alberteinstein.info

Einstein-Haus in Bern
www.einstein-bern.ch/

Private web site
www.einstein-website.de

Freie Online-Zeitschrift für die Relativitätstheorie
relativity.livingreviews.org

Personenregister

Abraham, Max 85f., 92ff.
Adler, Friedrich 61, 63
Alpher, Ralph 149
Anderson, Carl 145
Anschütz-Kaempfe, Hermann 129, 150
Archimedes 78
Arrhenius, Svante 133
Augustinus 77

Bernstein, Aaron 13
Besso, Anna 97
Besso, Michele 17, 24f., 30, 33f., 46, 72, 82, 85, 94, 98, 102ff., 113
Bohr, Niels 41, 72, 113, 132, 138f., 141–146, 160f.
Boltzmann, Ludwig 21, 33, 37, 140
Born, Hedwig 174, 182
Born, Max 59, 79, 120, 122, 141f., 146, 166
Bose, Satyendra Nath 140f.
Brillouin, Léon 132
Brod, Max 69
Broglie, Louis de 140ff.
Brown, Robert 7, 36
Burkhardt, Heinrich 38

Campbell, William Wallace 93, 101
Carnegie, Andrew 120
Cervantes 30
Ceulen, Ludolph van 78
Chadwick, James 166
Christoffel, Elwin Bruno 87
Churchill, Winston 156, 174
Compton, Arthur 139
Crommelin, Andrew 119
Curie, Marie 82f.

Debye, Peter 86, 174
Dirac, Paul Adrienne 7, 145, 147
Drude, Paul 22
Dukas, Helen 156, 162, 166, 175, 180
Dyson, Sir Frank 118

Eban, Abba 179
Eddington, Sir Arthur 118, 120, 131, 148
Ehrat, Jakob 24, 29
Ehrenfest, Paul 79, 92, 100, 108, 135, 144
Einstein, Bernhard Caesar (Enkelsohn) 33
Einstein, Eduard (Sohn) 18, 66, 97f., 115, 156
Einstein, Elsa (Zweite Ehefrau) 19, 70ff., 85, 94ff., 98f., 114f., 117, 130, 135, 151–157, 161f.
Einstein, Evelyn (Enkeltochter) 33
Einstein, Fanny (Tante) s. Koch, Fanny
Einstein, Hans Albert (Sohn) 18, 32ff., 97f., 162, 182
Einstein, Hermann (Vater) 8f., 11, 14, 18
Einstein, Ilse (Stieftochter) 114, 157
Einstein, Jakob (Onkel) 10, 12, 14, 18
Einstein, Klaus (Enkelsohn) 33
Einstein, Lieserl (Tochter) 28, 31f.
Einstein, Margot (Stieftochter) 157, 162, 175, 182
Einstein, Maria (Maya od. Maja;

Schwester) 8, 10f., 14, 16f., 71, 162, 179
Einstein, Pauline (Mutter) s. Koch, Pauline
Einstein, Rudolf (Onkel) 19, 70, 97
Eisenhower; Dwight David 180f.
Erlanger, Carlos 8
Euklid 78ff., 105, 108

Fermi, Enrico 145, 169f., 173
Fitzgerald, George 45, 52
Flexner, Abraham 153
Franck, James 35
Franz Ferdinand (österr. Thronfolger) 99
Freundlich, Erwin 81, 89, 91, 93, 101f., 120
Frisch, Otto Robert 169
Friedman, Alexander 147ff.
Friedrich, Walther 84
Fuchs, Klaus 181

Galilei, Galileo 40, 42, 47, 75f.
Gamow, George 149, 175
Gauß, Carl Friedrich 87, 107
Gehrcke, Ernst 123
Gerlach, Walther 122
Ghandi 120
Gödel, Kurt 158
Goldschmidt, Rudolf 150
Grossmann, Jules 28, 31
Grossmann, Marcel 24f., 27, 63, 69, 83, 89, 91f., 94, 103, 105
Gullstrand, Allvar 132
Gurion, David Ben 179

Personenregister

Habicht, Conrad 30f., 33, 34, 55, 60, 93
Habicht, Paul 29, 60
Haber, Clara 96f.
Haber, Fritz 96-99
Hadamard, Jacques 131
Hahn, Otto 169, 178
Hale, George Ellery 80, 93
Haller, Friedrich 28, 56, 61
Hartshorne, Edward 154
Harvey, Thomas S. 180
Heisenberg, Werner 41, 138, 142-146, 158f.
Helmholtz, Hermann Ludwig Ferdinand von 22
Herman, Robert 149
Hermann, Armin 40
Hertz, Heinrich 11, 22, 44, 124
Heuss, Theodor 178
Hilbert, David 90, 102f., 105f.
Hitler, Adolf 125, 129, 134, 173
Hoffman, Banesh 157, 165
Hoover, J. Edgar 180
Hopf, Ludwig 69, 82, 92
Hubble, Edwin P. 111, 149, 152
Hulse, Russell 112f.
Humboldt, Alexander von 13
Hume, David 30
Hurwitz, Adolf 20, 63, 83
Hurwitz, Lisbeth 63, 83
Huygens, Christiaan 137

Infeld, Leopold 73, 162, 165

Jesus 120
Jordan, Pascual 141

Kahr, Gustav von 134
Kaiser Franz Joseph 68
Kaluza, Theodor 136f., 164

Katzenellenbogen, Estella 151
Kepler, Johannes 120, 155
Kerr, Roy 110
Klein, Otto 136, 164
Kleiner, Alfred 27, 38, 60f.
Knecht, Frieda (Schwiegertochter) 33
Knipping, Paul 84
Koch, Cäsar (Onkel) 17f.
Koch, Fanny (Tante) 70
Koch, Pauline (Mutter) 8, 11, 25, 71, 96
Kollros, Louis 24
Kollwitz, Käthe 152
Kolumbus, Christoph 126
Kopernikus, Nikolaus 40, 58, 66, 120

Lanczos, Cornelius 160
Landau, Lew 166f.
Langevin, Paul 127
Laplace, Pierre Simon Marquis de 88
Laub, Jakob 58, 62, 64-67, 96
Laue, Max von 56f., 84, 94, 129f., 151, 154, 170, 178
Lebach, Margarete 151
Leibniz, Gottfried Wilhelm 42
Lemaître, Georges 148f.
Lenard, Philipp 41, 65f., 124, 128f.
Lenin, Wladimir Iljitsch 130
Levi-Civita, Tullio 87, 89, 102
Lorentz, Hendrik Anton 45f., 52f., 55, 67f., 72, 82, 102, 105, 109, 118f.

Mach, Ernst 21, 30
Mandl, Rudi 162f.
Mann, Heinrich 151f.
Mann, Thomas 161
Marianoff, Dimitri 157

Marić, Mileva (Erste Ehefrau) 18, 22-31, 46, 52f., 67, 69, 71, 95-99, 113ff.
Martin, Rudolf 38
Maxwell, James Clerk 20, 22, 33, 42ff., 74, 112, 135, 140
McCarthy, Joseph 124, 180f.
Meitner, Lise 169
Mendel, Toni 151
Mendelsohn, Erich 132
Michelson, Albert A. 44f., 125
Mie, Gustav 92
Millikan, Andrew 41
Millikan, Robert 153
Minkowski, Hermann 20, 59, 86
Moses 120
Morley, Edward W. 44f., 125
Mühsam, Hans 114

Nernst, Walther 64, 72, 95, 99
Neumann, John von 157
Newton, Sir Isaac 7, 41-44, 48, 51ff., 73-75, 90f., 94, 107f., 120, 137, 145, 147, 155, 168
Nicolai, Georg Friedrich 100, 114
Nordström, Gunnar 91, 93

Oppenheimer, Julius Robert 157, 166ff., 176, 180f.
Oseen, Carl Wilhelm 132
Ostwald, Wilhelm 37, 131

Pais, Abraham 10, 131, 133, 146
Pauli, Wolfgang 141f., 144, 147, 158, 165
Pernet, Jean 21
Perrin, Jean 37
Planck, Max 26f., 38ff., 56f., 61f., 66, 84,

90, 95, 99, 104, 113, 116, 128, 131, 133, 135, 140, 151, 155, 178
Podolsky, Boris 158 f.
Poincaré, Jules Henri 30, 45, 52, 72, 74, 83, 108

Racine, Jean 30
Rathenau, Walther 127 f., 147
Rhodes, Richard 170
Ricci, Gregorio 87, 89
Riemann, Bernhard 87, 88–91, 102 f., 107 f.
Ritz, Walter 61
Roboz, Elizabeth (Schwiegertochter) 33
Rockefeller 135, 168
Rolland, Romain 100
Röntgen, Conrad 14, 57, 84, 124
Roosevelt, Franklin D. 157, 171, 173 f.
Rosen, Nathan 158 f.
Rosenfeld, Léon 161
Russell, Bertrand 130, 181
Rutherford, Ernest 138 f.

Sachs, Alexander 171, 173
Sauter, Josef 33
Schnauder, Alfred 57
Schopenhauer, Arthur 152
Schrödinger, Erwin 141 f., 145 ff., 151, 161
Schröter, Carl 83

Schwarzschild, Karl 108 ff., 167
Seelig, Carl 35
Seghers, Anna 151
Sitter, Willem de 109, 111, 147
Snow, C. P. 121
Snyder, Hartland 167
Solovine, Maurice 29 ff., 130, 179
Solvay, Ernest 71 f., 144, 148
Sommerfeld, Arnold 57, 62, 64, 81, 84, 89 f., 95, 103 ff., 178
Sophokles 30
Stachel, John 79
Stark, Johannes 58, 124
Stern, Otto 122, 161
Strasser, Josef 134
Strassmann, Fritz 169
Strauß, Ernst 163
Suttner, Bertha von 101
Szilard, Leo 150, 169–174, 177

Tagore, Rabindranath 151
Talmey, Max s. Talmud, Max
Talmud, Max 12
Tanner, Hans 69
Taylor, Joseph 112 f.
Teller, Edward 172 f.
Thomson, Sir Joseph John 119, 138
Tolman, Richard 167
Trbuhoviç, Desanka 70
Truman, Harry S. 180

Uhlenbeck, George 167

Volkoff, George 167

Wachsmann, Konrad 151
Wells, H. G. 170
Weizmann, Chaim 126, 179
Weizsäcker, Carl Friedrich von 173
Weyl, Hermann 107, 136, 157
Weyland, Paul 123 f., 180
Wheeler, John Archibald 157, 168
Wien, Wilhelm 57, 62, 82
Wigner, Eugene 170 ff.
Winteler, Anna 17
Winteler, Jost 16
Winteler, Julius 16
Winteler, Paul (Schwager) 10, 17, 162
Winteler, Pauline (Rosa) 14, 17
Winteler, Marie (Geliebte) 16
Winteler-Einstein, Maria (Schwester) s. Einstein, Maria
Wirth, Joseph 128
Wohlwend, Hans 29
Wulle, Reinhold 128

Young, Thomas 137

Zangger, Heinrich 68, 83, 95, 102, 104 f.

Bildnachweis

akg-images 1, 35 (Foto: Dieter Hoppe), 36, 42; APE, Overath 13, 19, 28; Astrophysikalisches Institut, Potsdam 30; Leo Baeck Institute, New York 29; Bibliothek der Eidgenössischen Technischen Hochschule, Zürich 9, 18; Bildarchiv Preussischer Kulturbesitz, Berlin 25; Lotte Jacobi/Dimond Library, Durham, N. H. 7, 39; MPI für Gravitationsphysik 24; NASA, ESA 37, 38; Schweizerische Landesbibliothek Bern 8, 16; The Albert Einstein Archives (Hebrew University of Jerusalem) 2, 3

Die Rechte der hier nicht aufgeführten Abbildungen liegen beim Herausgeber oder konnten nicht ermittelt werden. Berechtigte Ansprüche werden selbstverständlich angemessen abgeglichen.

dtv portrait

Herausgegeben von Martin Sulzer-Reichel

Originalausgaben

Biographien bedeutender Frauen und Männer aus Geschichte, Literatur, Philosophie, Kunst und Musik

Hannah Arendt. Von Ingeborg Gleichauf. dtv 31029
Johann Sebastian Bach. Von Malte Korff. dtv 31030
Ingeborg Bachmann. Von Joachim Hoell. dtv 31051
Thomas Bernhard. Von Joachim Hoell. dtv 31041
Hildegard von Bingen. Von Michaela Diers. dtv 31008
Otto von Bismarck. Von Theo Schwarzmüller. dtv 31000
Heinrich Böll. von Viktor Böll und Jochen Schubert. dtv 31063
Die Geschwister Brontë. Von Sally Schreiber. dtv 31012
Giordano Bruno. Von Gerhard Wehr. dtv 31025
Georg Büchner. Von Jürgen Seidel. dtv 31001
Albert Camus. Von Marie-Laure Wieacker-Wolff. dtv 31070
Fidel Castro. Von Albrecht Hagemann. dtv 31057
Frédéric Chopin. Von Johannes Jansen. dtv 31022
Joseph Conrad. Von Renate Wiggershaus. dtv 31034
Hedwig Courths-Mahler. Von Andreas Graf. dtv 31035
Dante. Von Fritz Glunk. dtv 31073
Marlene Dietrich. Von Werner Sudendorf. dtv 31053
Annette von Droste-Hülshoff. Von Winfried Freund. dtv 31002
Alexandre Dumas. Von Günter Berger. dtv 31061
Marieluise Fleißer. Von Carl-Ludwig Reichert. dtv 31054
Theodor Fontane. Von Cord Beintmann. dtv 31003
Friedrich II. von Hohenstaufen. Von Ekkehart Rotter. dtv 31040
Max Frisch. Von Lioba Waleczek. dtv 31045
Günter Grass. Von Claudia Mayer-Iswandy. dtv 31059
Heinrich Heine. Von Jan-Christoph Hauschild. dtv 31058
Jimi Hendrix. Von Corinne Ullrich. dtv 31037
Hermann Hesse. Von Klaus Walther. dtv 31062
Alfred Hitchcock. Von Enno Patalas. dtv 31020
Victor Hugo. Von Jörg W. Rademacher. dtv 31055
Jesus von Nazaret. Von Dorothee Sölle und Luise Schottroff. dtv 31026
Janis Joplin. Von Ingeborg Schober. dtv 31065
Novalis. Von Windfried Freund. dtv 31043
Franz Kafka. Von Detlev Arens. dtv 31047
Erich Kästner. Von Isa Schikorsky. dtv 31011
John F. Kennedy. Von Andreas Etges. dtv 31068
Heinrich von Kleist. Von Peter Staengle. dtv 31009
John Lennon. Von Corinne Ullrich. dtv 31036
Klaus Mann. Von Armin Strohmeyr. dtv 31031
Maria Theresia. Von Edwin Dillmann. dtv 31028
Karl May. Von Klaus Walther. dtv 31056
Jim Morrison. Von Ingeborg Schober. dtv 31049
Nostradamus. Von Frank Rainer Scheck. dtv 31024
Pablo Picasso. Von Hajo Düchting. dtv 31048
Edgar Allan Poe. Von Frank Zumbach. dtv 31017
Karl Popper. Von Martin Morgenstern und Robert Zimmer. dtv 31060
Marcel Proust. Von Fritz Glunk. dtv 31064
Rainer Maria Rilke. Von Stefan Schank. dtv 31005
John Steinbeck. Von Annette Pehnt. dtv 31010
August Strindberg. Von Rüdiger Bernhardt. dtv 31013
Giuseppe Verdi. Von Johannes Jansen. dtv 31042
Oscar Wilde. Von Jörg W. Rademacher. dtv 31038
Frank Zappa. Von Carl-Ludwig Reichert. dtv 31039